#philosophieorientiert

Reihe herausgegeben von
Thomas Grundmann, Köln, Deutschland

In der Politik, in der Gesellschaft aber auch im Alltäglichen haben wir es immer wieder mit grundsätzlichen Fragen danach zu tun, was man tun soll, was man glauben darf oder wie man sich orientieren sollte. Also etwa: Dürfen wir beim Sterben helfen?, Können wir unseren Gefühlen trauen?, Wie wichtig ist die Wahrheit? oder Wie viele Flüchtlinge sollten wir aufnehmen? Solche Fragen lassen sich nicht allein mit Verweis auf empirische Daten beantworten. Aber sind die Antworten deshalb bloße Ansichtssache oder eine reine Frage der Weltanschauung? In dieser Reihe zeigen namhafte Philosophinnen und Philosophen, dass sich Antworten auf alle diese Fragen durch gute Argumente begründen und verteidigen lassen. Für jeden verständlich, ohne Vorwissen nachvollziehbar und klar positioniert. Die Autorinnen und Autoren bieten eine nachhaltige Orientierung in grundsätzlichen und aktuellen Fragen, die uns alle angehen.

Weitere Bände in der Reihe
http://www.springer.com/series/16099

Jens Kipper

Künstliche Intelligenz – Fluch oder Segen?

1682 J.B. METZLER

Der Autor
Jens Kipper ist Assistenzprofessor der Philosophie an der University of Rochester, New York. Seine Forschungsschwerpunkte sind die Philosophie des Geistes, einschließlich der Philosophie künstlicher Intelligenz, Erkenntnistheorie sowie Sprachphilosophie.

ISSN 2524-468X
ISSN 2524-4698 (elektronisch)
#philosophieorientiert

ISBN 978-3-476-05136-3
ISBN 978-3-476-05137-0 (eBook)
https://doi.org/10.1007/978-3-476-05137-0

Die Deutsche Nationalbibliothek verzeichnet diese Publikation in der Deutschen Nationalbibliografie; detaillierte bibliografische Daten sind im Internet über http://dnb.d-nb.de abrufbar.

J.B. Metzler

Typografie und Satz: Tobias Wantzen, Bremen
Einbandgestaltung: Finken & Bumiller, Stuttgart

J.B. Metzler ist ein Imprint der eingetragenen Gesellschaft Springer-Verlag GmbH, DE und ist ein Teil von Springer Nature
Die Anschrift der Gesellschaft ist:
Heidelberger Platz 3, 14197 Berlin, Germany

Inhalt

Vorwort

Künstliche Intelligenz (KI) hat sich in den letzten Jahren zweifellos zu einem Hype-Thema entwickelt. Der Hype ist allerdings berechtigt – KI wird unser Leben in fast allen Bereichen nachhaltig verändern. Umso wichtiger ist es in meinen Augen, sachlich über das Thema zu informieren. Dieses Buch soll einen Überblick darüber geben, welche Veränderungen die Verwendung von KI mit sich bringen wird und wie wir diese Veränderungen gegebenenfalls beeinflussen können. Um das greifbar zu machen, habe ich versucht, Ihnen sowohl die Natur und die Funktionsweise von KI näherzubringen als auch die politischen, sozialen und ökonomischen Hintergründe ihrer Verwendung. Dabei treten immer wieder philosophische Fragen in den Vordergrund. Zu diesen gehören z. B. Fragen der Gerechtigkeit und danach, was es bedeutet, ein erfülltes Leben zu führen. Wie wir sehen werden, bekommen durch die Entwicklung fortgeschrittener KI auch bislang rein theoretische philosophische Fragen wie die nach der Natur mentaler Zustände oder der Identität von Personen praktische Relevanz.

Ich bin zahlreichen Menschen zu Dank verpflichtet, die mich bei der Entstehung dieses Buchs mit Kommentaren und Ratschlägen oder auf andere Weise unterstützt haben. Mein besonderer Dank gilt Julia Baschnagel, Randall Curren, Chris Danly, Juliet Floyd, Thomas Grundmann, Frank Hofmann, Lisa Kahn, Philipp Kellmeyer, Anne Kipper, Ferdinand Pöhlmann, Franziska Remeika, Michael Schefczyk, Tülay Soysal, Zeynep Soysal und Jelena Stojaković.

1 Einleitung

Künstliche Intelligenz (KI) hat unser Leben bereits verändert. KI steckt in Navigationssystemen sowie in Assistenzsystemen, die in Autos, Flugzeugen und Schiffen verwendet werden. Millionen von Haushalten haben KI-gesteuerte Haushaltsroboter und Thermostate. Auf Ihrem Smartphone verbirgt sich KI hinter Ihrem persönlichen Assistenten und einer ganzen Reihe sonstiger Anwendungen. Welche Werbung Sie online sehen, welche Kauf-, Seh- und Hörempfehlungen Ihnen auf Amazon, Netflix, YouTube oder Spotify gegeben werden, bestimmt eine KI. Viele Nachrichten, die Sie lesen, sind von einer KI verfasst worden. Und häufig bestimmen KIs zumindest mit, ob Sie zum Vorstellungsgespräch eingeladen werden, wie hoch Ihre Versicherungsbeiträge sind und wie Sie behandelt werden, wenn Sie krank sind. Diese Liste ließe sich so lange fortführen, dass wohl nur eine KI die Geduld hätte, sie bis zum Ende zu lesen.

Aber das ist erst der Anfang. In den nächsten Jahren und Jahrzehnten wird sich der Einfluss von KI auf unser Leben deutlich vergrößern. Sie hat zweifellos das Potenzial, gewaltige gesellschaftliche Umwälzungen zu bewirken. Wie wir sehen werden, eröffnet KI ungeheure Chancen. Zugleich stellt sie eine der größten Herausforderungen dar, vor der die Menschheit jemals gestanden hat.

Vielleicht finden Sie die vorangegangenen Thesen etwas zu hoch gegriffen. In den folgenden Kapiteln sollen diese Thesen präzisiert und mit klaren und (hoffentlich) soliden Argumenten gestützt werden. Dabei werde ich erläutern, welche Fortschritte

J. Kipper, *Künstliche Intelligenz – Fluch oder Segen?*, https://doi.org/10.1007/978-3-476-05137-0_1

in der KI in der nahen und etwas ferneren Zukunft zu erwarten sind, welche davon nahezu gewiss und welche weniger wahrscheinlich sind und wie sich das auf uns auswirken wird. Wenn Sie zu denjenigen gehören, die noch nicht recht wissen, was sie von KI halten sollen, soll Ihnen dieses Buch dabei helfen, sich angesichts der kommenden Veränderungen besser zu orientieren. Aber auch denjenigen unter Ihnen, die schon alles Wesentliche über KI wissen und sich gut gewappnet fühlen, soll dieses Buch neue Perspektiven auf das Thema eröffnen.

Wie genau die Zukunft der KI aussieht und damit die Zukunft von uns allen, hängt aber auch von uns ab. So wie die KI jeden von uns betrifft, kann jeder von uns einen Beitrag dazu leisten, die Entwicklung der KI und ihre Folgen zu beeinflussen. Daher soll in diesem Buch auch diskutiert werden, was getan werden könnte, um welche Ziele zu erreichen. Dies soll Ihnen Orientierungshilfe bieten, damit Sie Ihren eigenen Beitrag so gestalten können, dass diese Entwicklung in die richtige Richtung gelenkt wird.

Um einschätzen zu können, was KI leisten kann, muss man zunächst verstehen, was KI eigentlich ist und wie sie funktioniert. Kapitel 2 gibt daher zunächst einen kurzen Überblick darüber, was unter KI zu verstehen ist und widmet sich dann der Frage, wie moderne KIs aufgebaut sind, wie sie lernen und wie sie komplexe Aufgaben bewältigen. Die Brettspiele Schach und Go, die in der Geschichte der KI – einschließlich der jüngsten Geschichte – eine bedeutende Rolle gespielt haben, dienen dabei als Beispiele. Diese Diskussion wird uns zum einen wichtige Erkenntnisse darüber liefern, wie Problemlösen allgemein funktioniert. Zum anderen wird sie uns erlauben, einige wichtige Schlussfolgerungen über die Möglichkeiten und Grenzen und damit auch über die Zukunft der KI zu ziehen. So werden wir sehen, welche systematischen Schwächen heutige KIs aufweisen. Zugleich wird sich zeigen, dass in den nächsten Jahrzehnten große Fortschritte in der Entwicklung von KI zu erwarten sind. Früher oder später wird diese Entwicklung wahrscheinlich KIs hervorbringen, deren Intelligenz der von Menschen in allen Bereichen ebenbürtig ist. In Kapitel 3 werden dann Risiken und Chancen der KI anhand einiger konkreter Anwendungsbereiche betrachtet. Insbesondere werfen wir hier einen Blick auf die Verwendung von KI in Waffensystemen und in Überwachungssystemen, in der Medizin und in der Wissenschaft. Wir werden sehen, dass KI das Potenzial hat, all diese Gebiete zu revolutionieren – im guten wie im schlechten Sinne. Allgemein betrachtet, wird sich zeigen, dass Werte und Verzerrungen – sowohl unsere eigenen als auch die der KIs – entscheidend dafür sind, welche Folgen die Verwendung von KI hat. Kapitel 4 widmet sich der Zukunft der Arbeit. Ich werde dafür argumentieren, dass KI den Arbeitsmarkt nachhaltig verändern wird, da zahlreiche Berufsgruppen nicht mehr benötigt werden und viele andere zumindest erheblich schrumpfen werden. Diese Entwicklungen werden zu einem enormen sozialen Ungleichgewicht führen, sofern keine geeigneten Gegenmaßnahmen auf politischer Ebene ergriffen werden. Wir werfen daher auch einen Blick darauf, wie diese Gegenmaßnahmen aussehen könnten. Zudem widmen wir uns der Frage, wie sich ein erfülltes Leben ohne Arbeit gestalten ließe. Kapitel 5 thematisiert die Frage, wie wir sicherstellen können, dass die Werte und Ziele der KIs mit unseren eigenen harmonieren. Dieses Problem stellt sich in nahezu allen Anwendungsbereichen und wird umso dringlicher und umso anspruchsvoller, je komplexer und leistungsfähiger die fraglichen KIs sind. Im Extremfall, in dem eine KI so intelligent ist, dass sie sich unserer Kontrolle entzieht, kommt diesem Problem eine existenzielle Bedeutung zu. Daher wird es auch darum gehen, wie realistisch das Szenario der Entwicklung einer superintelligenten KI ist – also einer KI, deren Intelligenz der von Menschen überlegen ist –, wann es eintreten könnte und welche Ansätze es gibt, das Problem der Wertharmonie zu lösen. Kapitel 6 gibt dann einen Ausblick auf die etwas fernere Zukunft der KI und ihrer Begleiterscheinungen. Zum einen werden wir dort der Frage nachgehen, ob und unter welchen Bedingungen KIs einen eigenen moralischen Wert haben könnten – beispielsweise, wenn sie die Fähigkeit erlangen, Schmerzen oder Freude zu empfinden. Zum anderen wird es um die Zukunft der Menschheit angesichts der Entwicklung von KI gehen. Könnte es beispielsweise möglich werden, dass wir selbst zu KIs werden, indem wir unser geistiges Leben – unsere Wünsche und Überzeugungen, unsere Empfindungen und Erinnerungen usw. – digitalisieren? Wenn ja, wäre das überhaupt wünschenswert? Und wie könnte sonst eine Zukunft der Menschheit aussehen, in der wir mit fortgeschrittenen KIs koexistieren? Kapitel 7 fasst kurz zusammen, was getan werden könnte oder müsste, damit Ihre eigene Zukunft und die von uns allen in einer von KIs mitgeprägten Welt eine rosige ist. Am Ende des Buchs, in Kapitel 8, finden Sie die wichtigsten Ergebnisse der Diskussion auf einen Blick.

2

Was KI ist, wie sie funktioniert und was sie kann

Was ist KI?

Was *künstliche* Intelligenz im Gegensatz zu natürlicher Intelligenz ist, lässt sich verhältnismäßig leicht klären. Natürliche Intelligenz umfasst intelligente Lebensformen, die durch natürliche Prozesse entstanden sind – insbesondere durch natürliche Auslese im Laufe der Evolutionsgeschichte. KIs wären damit intelligente Systeme, die nicht durch solche natürlichen Prozesse entstanden sind, sondern geschaffen wurden – sei es von einer natürlichen Intelligenz wie einem Menschen oder von einer anderen KI. Normalerweise sind mit KIs komplexe Programme gemeint, die auf irgendeiner Art von Computer laufen. Aber was ist Intelligenz? Es ist plausibel, dass ein System nur dann intelligent sein kann, wenn es komplexe Aufgaben bewältigen kann. Genügt das schon? Man könnte einwenden, dass wahre Intelligenz beinhaltet, mentale (d. h. geistige) Zustände haben zu können, wie z. B. die Fähigkeit zu denken und zu verstehen. Diesem Einwand zufolge kann ein hochentwickeltes Schachprogramm zwar unter Umständen komplexe Aufgaben bewältigen – wie z. B. zuverlässig hochklassige Schachzüge zu finden –, ohne wirklich intelligent zu sein, da das Programm nicht wirklich denkt und nicht einmal versteht, was Schach ist. Ich habe durchaus Sympathie für diesen Einwand und glaube, dass es zumindest ein Verständnis von Intelligenz gibt, dem zufolge

J. Kipper, *Künstliche Intelligenz – Fluch oder Segen?*, https://doi.org/10.1007/978-3-476-05137-0_2

Intelligenz mehr ist als die Fähigkeit, komplexe Aufgaben zu bewältigen. Für unsere Zwecke ist das jedoch von untergeordneter Bedeutung. Um zu verstehen, welche praktischen Folgen die Entwicklung bestimmter künstlicher Systeme haben wird, muss man in erster Linie wissen, was diese Systeme tun können, d. h. welche Arten von Aufgaben sie bewältigen können. Ob sie wirklich denken und verstehen, was sie tun, ist dabei weniger relevant. Ich werde daher im Folgenden annehmen, dass die Fähigkeit, komplexe Aufgaben zu bewältigen, für Intelligenz hinreicht. Eine KI ist demnach jedes künstlich geschaffene System, das komplexe Aufgaben bewältigen kann. (Die Frage, ob KIs auch mentale Zustände haben könnten, wird aber in Kapitel 6 noch behandelt werden.)

Die letzte verbleibende Frage ist damit die, was eine komplexe Aufgabe ist, bzw. wie komplex die Aufgaben sein müssen, die ein intelligentes System bewältigen können muss. Es ist schwer, diese Frage eindeutig zu beantworten. Das liegt auch daran, dass Menschen die Neigung haben, die Messlatte ständig zu verschieben, indem sie eine Aufgabe nur solange als hinreichend komplex erachten, wie sie noch nicht von einem künstlichen System bewältigt wurde. (Dieses Phänomen ist bekannt als *Teslers Theorem* oder *KI-Effekt*.) Ohne die Debatte damit entscheiden zu wollen, möchte ich diesen Ansatz hier gewissermaßen auf den Kopf stellen, indem ich im Folgenden annehme, dass eine Aufgabe dann hinreichend komplex ist, wenn die Fähigkeit, sie zu bewältigen, bei einem natürlichen System als Nachweis von Intelligenz dienen würde. Was genau dieser Grad von Komplexität ist, soll hier nicht weiter erläutert werden und ich werde recht liberal darin sein, künstliche Systeme als KI zu bezeichnen. Wie wir sehen werden, können künstliche Systeme schon heute viele Aufgaben bewältigen, die wir in den meisten Umständen, ohne zu zögern als äußerst komplex bezeichnen würden.

Eine weitere verbreitete Unterscheidung, die in der folgenden Diskussion von Bedeutung sein wird, ist die zwischen *enger KI* und *allgemeiner KI*. Eine KI ist eng, wenn sie nur in einem eng begrenzten Bereich komplexe Aufgaben bewältigen kann. Ein Beispiel hierfür ist ein Programm, das nichts anderes kann als hochwertige Schachzüge zu finden. Als allgemeine KIs werden hingegen KIs bezeichnet, deren Fähigkeit, komplexe Aufgaben zu bewältigen, in allen Bereichen der von Menschen zumindest gleichkommt. Während enge KIs heute bereits weitverbreitet sind, existieren allgemeine KIs bislang nur in der Theorie.

Wie funktioniert KI?

Schach spielte im Feld der KI-Forschung von Beginn an eine zentrale Rolle. Das Brettspiel hat eine Reihe von Merkmalen, die es zu einem erstklassigen Testgebiet für KI machen. Schach hat verhältnismäßig einfache und klar definierte Regeln sowie ein klar definiertes Ziel. Das macht es leichter, schachspielende Programme zu entwickeln und deren Fortschritte zu messen. Zugleich ist Schach sehr komplex und Schachspielen erfordert eine Reihe komplexer intellektueller Fähigkeiten, wie logisches Denken, Mustererkennung und strategisches Planen. Schach wird zudem von vielen Menschen professionell betrieben, so dass es eine echte Herausforderung darstellt, starke menschliche Schachspieler zu schlagen. Und schließlich hat Schach einen Ruf als intellektuell anspruchsvolles Spiel, so dass man sicher sein konnte, dass Fortschritte schachspielender Programme Schlagzeilen machen würden.

1948 schrieb der britische Mathematiker Alan Turing – einer der Pioniere der Informatik – zusammen mit David Champernowne das erste schachspielende Programm. KI-Forschung als wissenschaftliche Disziplin wurde erst acht Jahre danach ins Leben gerufen. Da es noch keinen Computer gab, auf dem das Programm hätte laufen können, fungierte Turing selbst als Computer, indem er mit Papier und Bleistift, dem von ihm selbst entworfenen Algorithmus folgte, um die Züge des Programms zu ermitteln. Das erste vollständige Schachprogramm, das auf einem Computer lief, wurde 1957 von Alex Bernstein und Kollegen bei IBM entwickelt. Zehn Jahre später schlug zum ersten Mal ein Schachprogramm – entwickelt von Richard Greenblatt am Massachusetts Institute of Technology (MIT) – einen Menschen in einer Partie unter Turnierbedingungen. Fast zwanzig Jahre später, im Jahr 1985, spielte Garry Kasparow, der wenige

Monate später der jüngste Schachweltmeister aller Zeiten werden würde, zeitgleich gegen 32 der stärksten Schachcomputer. Das Ergebnis: 32:0 für Kasparow. Der Fortschritt im Computerschach war also über einen langen Zeitraum hinweg recht langsam. Aber er war stetig, und in den 1990ern wurde endgültig klar, dass Schachcomputer früher oder später selbst den besten menschlichen Schachspielern gefährlich werden würden. Das Ende der menschlichen Vorherrschaft im Schach kam letztlich im Jahr 1997, als Kasparow – als amtierender Weltmeister – ein Match über sechs Partien gegen IBMs Deep Blue verlor. Zu diesem Zeitpunkt war Kasparow objektiv betrachtet wahrscheinlich besser als sein elektronischer Gegner. Aus der Perspektive der KI-Forschung ist das aber von untergeordneter Bedeutung. Denn Schachcomputer blieben keineswegs auf dieser Stufe stehen, sondern machen bis heute stetige Fortschritte. Wer möchte, kann sich heute eine kostenlose App auf sein Handy laden, gegen die kein menschlicher Schachspieler auch nur den Hauch einer Chance hat.

Die menschliche Vorherrschaft im Go, einem in weiten Teilen Asiens äußerst beliebten Brettspiel, endete erst vor einigen Jahren – dafür aber weitaus überraschender und abrupter als im Schach. Noch im Jahr 2014 waren die stärksten Go-Programme weit davon entfernt, professionelle Spieler schlagen zu können. In KI-Kreisen ging man davon aus, dass es noch mindestens ein Jahrzehnt dauern würde, bis man die stärksten menschlichen Spieler würde herausfordern können. Doch schon ein Jahr später, im Oktober 2015, schlug das von der Londoner KI-Firma DeepMind entwickelte Programm AlphaGo Fan den amtierenden Europameister Hui Fan in einem Match mit 5:0. Dasselbe Programm schlug fünf der bis dato stärksten Programme mit insgesamt 494:1. Hui Fan ist ein vergleichsweise eher schwächerer Go-Profi – ein 2-Dan auf einer Skala von insgesamt neun Dan-Stufen. AlphaGo Fan war ebenfalls noch deutlich schwächer als die stärksten menschlichen Spieler. Als DeepMind wenig später Lee Sedol zu einem Match herausforderte, einen der stärksten Go-Spieler aller Zeiten, erwarteten daher die meisten Beobachter – einschließlich Lee Sedol selbst – einen klaren Sieg des Menschen. Aber die neue Version des Programms, Alpha Go Lee, war zu diesem Zeitpunkt bereits deutlich stärker als AlphaGo Fan und schlug Lee Sedol im März 2016 mit 4:1. Die Entwickler von AlphaGo gaben sich damit aber nicht zufrieden. Im April 2017 veröffentlichten Testergebnissen zufolge gewann ihre neueste Programmversion, AlphaGo Zero, ein Match gegen AlphaGo Lee – also die Version, die gegen Lee Sedol gewann – mit 100:0 (Silver at al. 2017).

Die von AlphaGo gezeigten Verbesserungsraten erscheinen beispiellos. In weniger als zwei Jahren verbesserte sich das Programm, das selbst schon um Längen besser war als alle anderen Go-Programme, vom unteren Profi-Niveau bis hin zu einer Spielstärke, die es extrem unwahrscheinlich macht, dass ein Mensch jemals wieder eine Partie gegen dieses Programm gewinnen wird. Wie war das möglich? Und was ist der Unterschied zur Entwicklung von schachspielenden Programmen, die sehr viel langsamer verlief? Um das zu verstehen, müssen wir zunächst einen Blick darauf werfen, wie Programme für (u. a.) Brettspiele aufgebaut sind und wie sie entwickelt werden. Daraus können wir im Weiteren einige weitaus allgemeinere Lehren über das Potential sowie die Zukunft der KI ziehen.

Eine offensichtliche Stärke von Computern ist, dass sie sehr schnell rechnen können. Man könnte daher versuchen, diese Stärke auf folgende Weise im Schach zu nutzen: Ein Computerprogramm könnte in einer gegebenen Schachstellung einfach alle möglichen Züge berechnen und dann alle möglichen Antwortzüge auf jeden dieser Züge und dann wiederum alle möglichen Antwortzüge auf jeden dieser Antwortzüge usw., und so einen sogenannten ›Suchbaum‹ erstellen. Dieser Suchbaum ist vollständig, wenn in jedem seiner Äste das Partieende erreicht wurde. Mit Hilfe eines vollständigen Suchbaumes ist es für ein Programm ein Leichtes, den besten Zug zu finden, indem es prüft, ob sich in einem der Äste ein Schachmatt (und damit ein Sieg) erzwingen oder – wenn das nicht möglich ist – ein eigenes Schachmatt durch den Gegner verhindern lässt.

Diese Methode lässt sich aber aus einem einfachen Grund nicht auf Schach anwenden: Schach ist dafür viel zu komplex. In jeder Stellung gibt es im Durchschnitt 36 mögliche Züge, was bedeutet, dass der Suchbaum in kurzer Zeit astronomisch groß

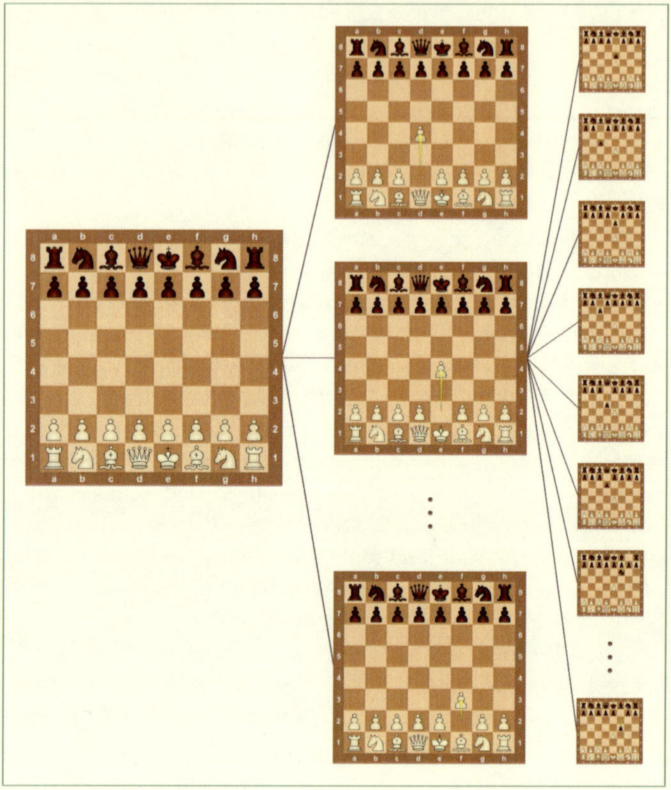

Abbildung 1: Suchbaum

werden würde. Schon nach vier Zügen beider Parteien können über 288 Milliarden verschiedene Stellungen erreicht werden. Einer konservativen Schätzung zufolge gibt es 10^{120} mögliche Schachpartien. Das ist eine Zahl mit 120 Nullen. Zum Vergleich: Die Anzahl der Elementarteilchen im beobachtbaren Universum beträgt ca. 10^{80}. Um die obige Methode im Schach anzuwenden, müsste ein Schachprogramm all diese Partien berechnen, was offensichtlich unmöglich ist.

Schachprogramme müssen daher ihre Suche – d. h. die Berechnung möglicher Züge und Gegenzüge – in den meisten

Stellungen abbrechen, bevor z. B. ein Schachmatt erzielt und damit das Partieende erreicht wurde. Um auf der Basis dieser Suche einen vernünftigen Zug zu wählen, müssen sie die resultierenden Stellungen – also die Endpunkte (genannt ›Blätter‹) des Suchbaums – bewerten können. Schachprogramme »wissen« z. B., dass eine Dame wertvoller ist als ein Bauer, dass es gut ist, aktive Figuren zu haben und das Zentrum des Bretts zu kontrollieren usw. Schachprogramme bestehen also aus einer Suchfunktion sowie einer Bewertungsfunktion. Die Suchfunktion berechnet mögliche Züge und Gegenzüge und erstellt so einen Suchbaum. Die Bewertungsfunktion bewertet dann die Blätter des Suchbaums, woraufhin das Programm den aus seiner Sicht am höchsten bewerteten Zug auswählt. Die Bewertungsfunktion hat häufig noch eine andere Funktion, indem sie mitbestimmt, welche Züge berechnet werden und wann z. B. ein Ast eines Suchbaums nicht weiter berücksichtigt wird.

Es wäre wohl nicht wert gewesen, die Anatomie eines Schachprogramms hier so detailliert zu beschreiben, wenn Suchfunktionen und Bewertungsfunktionen nur im Schach wichtig wären. Tatsächlich aber spielen diese auch in vielen anderen Spielen und weit darüber hinaus eine wichtige Rolle. Mehr noch, ein Großteil menschlichen Denkens kann zumindest in Analogie zum Zusammenspiel zwischen Such- und Bewertungsfunktion verstanden werden. Menschliche Schachspieler erstellen ebenfalls einen Suchbaum – wenn auch einen sehr viel kleineren als ein Schachprogramm – und wählen dann einen Zug, indem sie die entstehenden Stellungen (meist intuitiv) bewerten. Diese Analogie lässt sich verallgemeinern: Egal in welchem Lebensbereich wir eine Entscheidung treffen, wählen wir zwischen verschiedenen Handlungsoptionen. Das beinhaltet, dass wir mögliche Konsequenzen dieser Handlungsoptionen einschätzen und bewerten, wie erfreulich diese Konsequenzen sind. Sofern wir rational sind, wählen wir schließlich diejenige der betrachteten Handlungsoptionen, von der wir die erfreulichsten Konsequenzen erwarten. Auch hier sehen wir das Zusammenspiel von *Suche*, in der bestimmte Optionen betrachtet und mögliche Folgen ermittelt werden, und *Bewertung*, in der diese Folgen dann daraufhin eingeordnet werden, wie erfreulich sie uns erscheinen. Auch wenn nicht klar ist, wie weit die Ähnlichkeiten zwischen diesen Komponenten menschlichen Denkens und den Such- und Bewertungsfunktionen von Computerprogrammen im Detail gehen, sind die strukturellen Ähnlichkeiten doch offensichtlich.

Die Spielstärke eines Schach oder Go spielenden Programms hängt entscheidend von der Qualität seiner Bewertungsfunktion ab. In klassischen Programmen, einschließlich Deep Blue, wurden diese Bewertungsfunktionen von Menschen programmiert. Die Bewertungsfunktion von Deep Blue hatte beispielsweise 8000 verschiedene Komponenten (vgl. Campbell/Hoane/Hsu 2002, 59). Es leuchtet ein, dass es ein äußerst schwieriger und langwieriger Prozess ist, eine so komplexe Bewertungsfunktion zu schreiben und dann bei der Weiterentwicklung bei jedem Schritt sicherzustellen, dass die einzelnen Komponenten der Bewertungsfunktion aufeinander abgestimmt bleiben.

Eine naheliegende Erklärung dafür, dass Computerprogramme im Go für so lange Zeit menschlichen Spielern deutlich unterlegen waren, besteht darin, dass Go deutlich komplexer als Schach ist. Go wird auf einem 19 × 19 großen Brett gespielt, gegenüber 8 × 8 im Schach. Wie oben erwähnt, gibt es im Durchschnitt in einer Schachstellung 36 mögliche Züge. Dem stehen weit über 100 mögliche Züge im Go gegenüber. Schachcomputer wie Deep Blue zogen einen Großteil ihrer Stärke aus ihrer Suchfunktion, gestützt auf die phänomenale Geschwindigkeit moderner Computer. (Deep Blue, das auf spezieller hochleistungsfähiger Hardware lief, berechnete 200 Millionen Züge pro Sekunde.) Aufgrund der ungeheuren Komplexität von Go lief die Suchfunktion von Go-Programmen lange Zeit weitgehend ins Leere. Was fehlte, war eine präzise Bewertungsfunktion, um diese Suche effektiv zu leiten – denn die Bewertungsfunktionen klassischer Go-Programme waren der Stellungsbewertung menschlicher Spieler hoffnungslos unterlegen.

Auch AlphaGo hat eine Suchfunktion und eine Bewertungsfunktion. Die Qualität dieser Bewertungsfunktion ist der Schlüssel zu AlphaGos Überlegenheit gegenüber anderen Go-Programmen. AlphaGos Bewertungsfunktion, die aus einem künstlichen neuronalen Netz (KNN) besteht, ist aber nicht von menschlichen Programmierern in mühevoller Kleinarbeit geschrieben worden, sondern ist von AlphaGo selbst erlernt worden. Da KNNs und lernende Maschinen in der heutigen KI eine zentrale Rolle spielen, sollen diese im Folgenden näher betrachtet werden.

Künstliche neuronale Netzwerke und lernende Maschinen

Stellen Sie sich ein Netzwerk vor, das aus zahlreichen Knotenpunkten und Verbindungen zwischen diesen Knotenpunkten besteht. Einige der Knotenpunkte werden unter bestimmten Umständen mehr oder weniger stark aktiviert – so wie eine Glühbirne, die mehr oder weniger hell leuchtet. Wenn das passiert, wird die Aktivität über die Verbindungen auf andere Knotenpunkte übertragen, wobei das Ausmaß der Übertragung jeweils von der Stärke der Verbindungen abhängt. In KNNs, die von der Übertragung elektrochemischer Signale im menschlichen Gehirn inspiriert wurden, werden die Knotenpunkte des Netzwerks ›(künstliche) Neuronen‹ genannt. Die Stärke der Aktivierung eines Neurons sowie wie die Stärke einer Verbindung zwischen zwei Neuronen werden durch Zahlen repräsentiert. Abbildung 2 zeigt den Aufbau eines bestimmten Typs von KNN, der heute weitverbreitet ist, ein *tiefes, vorwärtsgekoppeltes* KNN. Die Neuronen in der ersten Schicht, d. h. die am linken äußersten Rand, sind Inputneuronen. Nur sie können direkt von außen beeinflusst werden, indem sie durch einen Input – wieder einfach durch eine Reihe von Zahlen repräsentiert – aktiviert werden. Das einzelne Neuron in der letzten Schicht, am rechten äußersten Rand, ist ein Outputneuron. Wenn nun die Inputneuronen aktiviert werden, übertragen sie ihre Aktivierung auf die Neuronen in der zweiten Schicht, in Abhängigkeit von der Stärke der Verbindungen. Deren Aktivierung überträgt sich wiederum auf die Neuronen in der dritten Schicht, wieder in Abhängigkeit von der Stärke der Verbindungen zwischen den einzelnen Neuronen. So überträgt sich ein Aktivierungsmuster von links nach rechts durch das Netzwerk, bis schließlich das

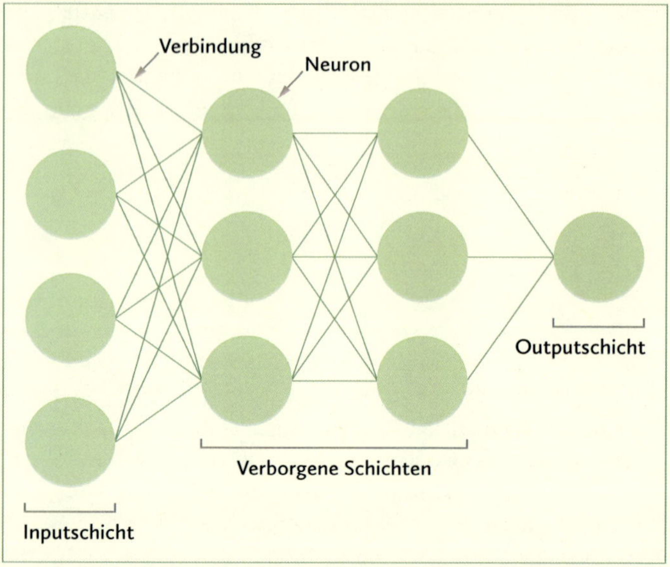

Abbildung 2: Künstliches neuronales Netz

Outputneuron aktiviert wird. Dieses KNN ist tief, weil es mehrere Schichten hat, von denen einige weder direkt Input von außerhalb des Netzwerks erhalten noch direkt Output nach außen geben. Das KNN ist außerdem vorwärtsgekoppelt, weil Aktivität nur in eine Richtung – von hinten nach vorne, Richtung Output – weitergegeben wird.

Hier ist ein einfaches Beispiel dafür, wofür ein solches KNN verwendet werden kann. Nehmen wir an, wir brauchen ein Programm, das Katzenbilder in Schwarzweiß erkennen kann. Als Input geben wir dem Programm eine Reihe von Zahlen zwischen Null und Eins, wobei ›1‹ für ein weißes Pixel steht, ›0‹ für ein schwarzes und Werte zwischen 0 und 1 für verschiedene Grautöne. Als Output soll das Programm uns im Idealfall eine Eins anzeigen, wenn auf dem Bild eine Katze zu sehen ist und andernfalls eine Null. Wie erwähnt, hängt die Aktivitätsübertragung von der Inputschicht zur Outputschicht allein von der Stärke der Verbindungen zwischen einzelnen Neuronen ab. Sofern unser KNN eine geeignete Größe und Struktur hat, benötigt es nur die richtige Kombination von Verbindungsstärken, um zuverlässig Katzen erkennen zu können. KNNs haben aber häufig eine große Zahl von Neuronen, und damit eine noch größere Zahl von Verbindungen, und folglich eine astronomische Zahl möglicher Kombinationen von Verbindungsstärken, von denen die allermeisten ungeeignet sind. Es ist daher im Normalfall praktisch ausgeschlossen, dass ein Mensch durch Ausprobieren die richtige Kombination von Verbindungsstärken finden wird. Der große Vorteil von KNNs ist aber, dass sie trainiert werden können und so die richtige Kombination von Verbindungsstärken erwerben bzw. erlernen können. Dieser Prozess verläuft häufig wie folgt: Zunächst werden die Verbindungsstärken in unserem KNN rein zufällig gewählt. Wir geben dem KNN nun eine große Menge von Bildern, bei denen wir bereits wissen, ob sich darauf eine Katze befindet oder nicht. Dadurch können wir dem KNN automatisches Feedback darüber geben, welche Bilder es korrekt klassifiziert hat und welche nicht. Genauer gesagt, da der Output des KNN auch zwischen 0 und 1 sein kann, besteht dieses Feedback darin, wie weit der jeweilige Output von der korrekten Antwort abweicht. Auf der Grundlage dieses Feedbacks kann unser Programm nun berechnen, welche Verbindungsstärken wie verändert werden müssten, um die durchschnittliche Abweichung von der korrekten Antwort ein wenig zu senken. Dieser Prozess kann etliche Male wiederholt werden, bis das KNN, das zu Beginn noch vollkommen zufälligen Output produzierte, selbst unbekannte Bilder mit hoher Präzision klassifizieren kann.

Lernende KNNs erzielten in den letzten Jahren spektakuläre Ergebnisse. Ein Paradebeispiel dafür ist eben AlphaGo. AlphaGo verfügt über eine Bewertungsfunktion in Form eines KNN, das eine auf klassische Weise von Menschen programmierte Suchfunktion anleitet. In den ersten Versionen von AlphaGo wurde das KNN zunächst anhand einer großen Menge menschlicher Go-Partien trainiert. Das Programm lernte damit gewissermaßen, menschliche Züge vorherzusagen. In einer zweiten Phase lernte das KNN dann aus Partien, die es gegen sich selbst spielte. Unter anderem wurden in dieser Trainingsphase diejenigen Züge »belohnt«, die zu gewonnenen Partien führten – d. h., die Verbindungsstärken des KNNs wurden derart angepasst, dass das Programm diese Züge höher bewertete. Bei AlphaGo Zero – also der Version, die den Bezwinger von Lee Sedol mit 100 : 0 schlug – übersprang DeepMind den ersten Schritt dieses Prozesses. AlphaGo Zeros KNN wurde allein durch Partien trainiert, die das Programm gegen sich selbst spielte, ausgehend von einer zufälligen Kombination von Verbindungsstärken zwischen seinen Neuronen. AlphaGo Zeros Bewertungsfunktion beruht also auf keinerlei menschlichem Wissen (daher der Name ›AlphaGo *Zero*‹).

AlphaGos Geschichte ist in vielerlei Hinsicht bemerkenswert. Da ist zum einen die enorme Qualität der Bewertungsfunktion, in Form eines KNN. Lässt man dieses KNN selbst die Züge wählen, d. h. ohne jegliche Beteiligung der Suchfunktion, spielt das Programm immer noch stärker als AlphaGos erster menschlicher Gegner, Fan Hui – ein professioneller Go-Spieler und mehrfacher Europameister. Des Weiteren ist da die ungeheure Geschwindigkeit, mit der das Programm lernt. In DeepMinds neuestem Projekt zu Brettspielen wurde dieselbe Netzwerk-Architektur verwendet, um ein KNN im Go, Schach und Shogi (ein japanisches Brettspiel, das mit Schach verwandt ist) zu trainieren (Silver et al. 2018). Das Programm übertraf nach 30 Stunden Training die AlphaGo-Version, die Lee Sedol schlug. Die Lerngeschwindigkeit im Schach und im Shogi war sogar noch bemerkenswerter. Nach vier Stunden Training übertraf das Programm das stärkste bis dahin existierende Schachprogramm, und nach zwei Stunden Training das stärkste Shogi-Programm. In allen Fällen lernte das KNN allein aus Partien, die das Programm gegen sich selbst spielte. Über Jahrhunderte oder sogar Jahrtausende angesammeltes menschliches Wissen wurde dabei innerhalb von Stunden übertroffen.

Wir haben nun zumindest den Ansatz einer Erklärung, warum die Fortschritte, die mit AlphaGo gemacht wurden, so viel schneller waren als der Fortschritt von klassischen Schachprogrammen. Ein konkurrenzfähiges Schach- oder Go-Programm zu entwickeln, dauert normalerweise Jahre. Und selbst das ist nur möglich, weil sich die Entwickler auf über Jahrzehnte von anderen Programmierern erworbene Erkenntnisse stützen. Ein KNN zu trainieren – wenn man eine geeignete Netzwerkarchitektur und geeignete Lernparameter gefunden hat – nimmt sehr viel weniger Zeit in Anspruch. Angemerkt sei, dass dieses Training nicht unbedingt mit wenig Aufwand verbunden sein muss. AlphaZero etwa trainierte auf 5000 von Google speziell für KNNs entwickelten Prozessoren und konnte so etwa in den vier Stunden, die es brauchte, um das bis dahin stärkste Schachprogramm zu schlagen, knapp 20 Millionen Partien gegen sich selbst spielen.

Lernende KNNs sind in den letzten Jahren in zahlreichen Bereichen erfolgreich angewendet worden. Seit 2016 werden Nutzeranfragen an Google Translate von KNNs übersetzt, wodurch sich die Qualität der Übersetzungen deutlich verbessert hat. Im Bereich der Spracherkennung gab es dank KNNs in den letzten Jahren ebenfalls große Fortschritte. Dasselbe gilt für das Erkennen von Objekten und Gesichtern, sowie allgemein für den Bereich der sogenannten ›maschinellen Wahrnehmung‹. Bedeutet das, dass KNNs die Zukunft der KI sind? Nicht unbedingt, oder zumindest nicht unbedingt allein. Beispielsweise haben wir gesehen, dass auch AlphaGo auf eine Suchfunktion zurückgriff, die auf klassische Weise von Menschen entwickelt wurde. Ähnliches gilt für die heutige Generation selbstfahrender Autos – auch bei diesen werden KNNs mit von Menschen programmierten Algorithmen kombiniert. Dennoch ist klar, dass KNNs großes Potenzial haben.

Möglichkeiten und Grenzen der KI

Was sagt uns das alles nun über Möglichkeiten und Grenzen der KI? KIs sind potenziell sehr viel schneller als Menschen. Ein zentraler Grund dafür ist physikalischer Natur: Die elektrochemische Datenübertragung im menschlichen Gehirn erreicht Geschwindigkeiten von etwas mehr als 100 Metern pro Sekunde. Die Datenübertragung in Computern ist im Vergleich mehr als eine Million Mal schneller. Das verschafft KIs einen gewaltigen Vorteil bei der Bewältigung komplexer Probleme. Wie die

Beispiele Schach und Go veranschaulichen, sind viele Probleme aber zu komplex, um sie rein analytisch zu lösen. Schnellere Computer allein werden also nicht ausreichen, um allgemeine KI zu entwickeln – gefragt sind intelligente Algorithmen, die entweder bereits in der Lage sind, auch hochkomplexe Aufgaben zu bewältigen, oder eben lernen können, diese zu bewältigen. Bei lernenden KNNs besteht eine zusätzliche Herausforderung darin, dass diese im Normalfall eine große Menge von Daten brauchen, um erfolgreich zu lernen. DeepMinds Projekte zu Schach, Go und Shogi verdeutlichen, dass das KNN in manchen Fällen die Daten selbst produzieren kann – in diesem Fall, indem es Partien gegen sich selbst spielt. Aber das ist in vielen Bereichen zumindest schwierig. Die Größe und Qualität des beim Lernen verwendeten Datensatzes bestimmt maßgeblich mit, wie groß der Lernerfolg ist. Und selbst dann, wenn das resultierende KNN eine insgesamt niedrige Fehlerrate aufweist, können sich Verzerrungen in den Daten in systematischen Verzerrungen in den Urteilen des KNN niederschlagen, was unerwünschte Folgen haben kann. Dieses Thema wird im nächsten Kapitel ausführlich diskutiert werden.

Die Erfolge von KIs beispielsweise im Go sind zweifellos beeindruckend. Dennoch lassen sich die dort verwendeten Methoden nicht ohne Weiteres auf alle anderen Lebensbereiche anwenden. Das liegt nicht zuletzt daran, dass viele Umgebungen, in denen sich Menschen bewegen, deutlich komplexer sind als eine Go-Partie. Das mag nicht unmittelbar einleuchten. Wie oben erwähnt, gibt es in einer Go-Stellung im Durchschnitt weit über 100 mögliche Züge, aus denen wir wählen müssen. Nun fragen Sie sich zum Vergleich, was Sie alles in den nächsten fünf Sekunden machen könnten. Genauer gesagt: Wie viele unterschiedliche Handlungsoptionen stehen Ihnen innerhalb der nächsten fünf Sekunden offen? Oberflächlich betrachtet könnte man glauben, dass es nicht allzu viele sind. Sie könnten sitzenbleiben und weiterlesen, Sie könnten das Buch weglegen und aufstehen und dann ein paar Schritte nach links oder rechts gehen oder auch laufen. Fünf Sekunden könnten Ihnen genügen, auf Ihr Telefon zu schauen – aber vielleicht nicht, um jemanden anzurufen – oder auch, um ein paar Worte zu sagen. Sehr viel mehr Optionen scheint es nicht zu geben. Bei genauerem Hinsehen wird aber klar, dass die Anzahl Ihrer Handlungsoptionen astronomisch hoch ist. So könnten Sie die Luft anhalten, normal weiteratmen oder hyperventilieren, Sie könnten gegen den Tisch und diverse andere Gegenstände treten, Sie könnten eine sehr große Anzahl sinnvoller und sinnloser Sätze und Laute in verschiedenen Stimmlagen produzieren, Sie könnten den kleinen Finger Ihrer linken Hand einen Zentimeter nach links bewegen oder zwei oder drei, und dabei Ihre rechte Hand zwei oder drei oder 17,5 Grad nach innen drehen, während Sie nach oben oder nach unten schauen usw., und das alles mit unterschiedlicher Intensität und Geschwindigkeit und beinahe beliebig miteinander kombinierbar. Natürlich erwägt niemand all diese Möglichkeiten, bevor sie oder er etwas tut. Viele der aufgelisteten Handlungsoptionen erscheinen Ihnen vermutlich als offensichtlich sinnlos oder kontraproduktiv, viele andere würden Sie normalerweise gar nicht als unterschiedliche Handlungsoptionen auffassen. Das liegt daran, dass Sie über zum Teil angeborene und zum Teil erlernte Expertise verfügen, die es Ihnen ermöglicht, die allermeisten möglichen Handlungen zu ignorieren und im Normalfall nur eine sehr geringe Zahl von Optionen zu erwägen. Eine KI zu Beginn ihres Lernprozesses müsste hingegen all diese Myriaden von möglichen Handlungen als echte Optionen erwägen.

Das Beispiel Go hat gezeigt, dass KIs auch verhältnismäßig komplexe Umgebungen erfolgreich navigieren können, indem sie lernen, irrelevante Optionen zumindest weitgehend zu ignorieren. Ein wichtiges Kriterium dafür, wie schwierig dieser Lernprozess ist, besteht darin, aus wie vielen Handlungsoptionen in der relevanten Umgebung ausgewählt werden muss. Die entscheidende Frage ist also, ob KIs das auch in noch weitaus komplexeren Umgebungen erfolgreich leisten können. Ein jüngeres Projekt von DeepMind verdeutlicht, dass die Komplexität von Go bei weitem keine Obergrenze für KIs darstellt. StarCraft II ist ein Videospiel, das aus einer Reihe von Gründen eine Herausforderung für KIs darstellte. Anders als Schach und Go, wird StarCraft II in Echtzeit gespielt (ist also nicht rundenbasiert) und gibt Spielern keine vollständigen Informationen über das Spielgeschehen. Ein weiterer Unterschied besteht eben in der Anzahl der Handlungsoptionen: In jedem Moment stehen einem Spieler – konservativ gerechnet – ca. 100 Millionen unterschiedliche Handlungsmöglichkeiten zur Verfügung (Vinyals et al. 2017). Das bedeutet nicht, dass StarCraft II für einen Menschen nahezu eine Million Mal komplexer ist als Go. Selbst aus der Perspektive eines menschlichen Anfängers spielt es äußerst selten eine Rolle, ob man ein bestimmtes Pixel anklickt und nicht das unmittelbar darüber oder darunter. Menschen kategorisieren die Spielewelt zumindest teilweise aufgrund angeborener und zuvor erworbener Begriffe und begrenzen damit die Zahl der relevanten Optionen erheblich. Ein KNN zu Beginn seines Trainings verfügt über kein solches Vorwissen und muss daher von Null lernen, welche Handlungsoptionen potenziell relevant sind und welche nicht. Trotz dieser scheinbar gewaltigen Aufgabe erreichte ein von DeepMind entwickeltes KNN eine Spielstärke, die 99,8 % aller menschlichen StarCraft-II-Spieler übertrifft – und das, obwohl die Handlungsgeschwindigkeit des Programms künstlich auf ungefähr menschliches Niveau herabgesetzt wurde (Vinyals et al. 2019).

Wenn Computerprogramme eine bestimmte Aufgabe beherrschen, erwarten wir häufig Perfektion von ihnen. Ein funktionstüchtiger Taschenrechner macht beispielsweise bei der Addition von Zahlen niemals Fehler. In sehr komplexen Umgebungen können aber auch KIs keine Perfektion erreichen. KNNs sind hierbei keine Ausnahme. Häufig sind die Fehler, die KNNs begehen, aus menschlicher Perspektive ungewöhnlich und manchmal sogar geradezu grotesk. Abbildung 3 zeigt ein solches Beispiel. Aus menschlicher Sicht sind die beiden Bilder ununterscheidbar und zeigen eindeutig einen Panda. Ein KNN hingegen, das trainiert wurde, Bilder zu klassifizieren, identifizierte das Bild auf der linken Seite mit einer Wahrscheinlichkeit von 57,7 % als Panda und das rechte mit einer Wahrscheinlichkeit von 99,3 % – also nahezu mit Gewissheit – als Gibbon. Es scheint ein allgemeines Merkmal von KNNs zu sein, dass sie für solche Fehler anfällig sind, und zwar selbst dann, wenn sie insgesamt extrem zuverlässig sind. Ob sich die Anfälligkeit von KNNs für solche absurd anmutenden Fehler reduzieren oder sogar ganz beseiti-

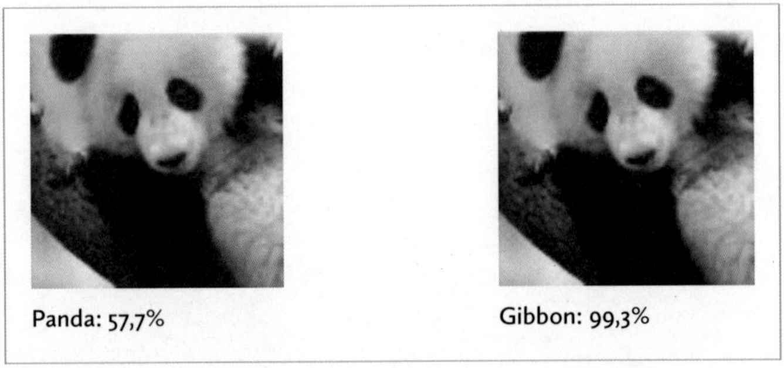

Abbildung 3: Panda vs. Gibbon (aus Goodfellow et al. 2015)

gen lässt, wird momentan noch erforscht. Vollkommen werden sich Fehler aber niemals vermeiden lassen. Insbesondere bei tiefen KNNs, also solchen, in denen zwischen Input und Output »verborgene« Schichten von Neuronen liegen, ist es zudem häufig schwer nachvollziehbar, wie das KNN seine Urteile fällt. Das erschwert es vorauszusehen, unter welchen Bedingungen Fehler auftreten werden. Auch dieses Problem wird intensiv erforscht, und es wurden bereits Methoden erprobt, um die Urteile von KNNs zu erklären. Dabei zeigt sich jedoch ein Dilemma, das meiner Ansicht nach nur schwer zu umgehen ist. Je leistungsstärker KNNs werden, desto komplexer werden sie auch. Naturgemäß sind komplexere KNNs schwieriger zu verstehen. Der weitere Fortschritt von KNNs wird daher möglicherweise damit erkauft werden, dass wir immer weniger dazu in der Lage sein werden, ihre Urteile zu erklären.

Menschen sind aber natürlich auch alles andere als perfekt. Im Allgemeinen können wir menschliche Fehler lediglich besser vorhersehen. Wenn KIs allerdings wesentlich präziser und konsistenter in ihren Urteilen sind und diese Urteile zudem deutlich schneller fällen können als Menschen, dann wird es in vielen Bereichen dennoch geradezu geboten sein, menschliche Entscheidungen durch die von KIs zu ersetzen.

Die vorangegangene Diskussion verdeutlicht, dass KIs zumindest heute noch bestimmte Nachteile haben und dass es bei der Weiterentwicklung von KIs noch große Hürden zu überwinden gilt. Es ist aber auch klargeworden, dass KIs großes Potenzial haben. In den nächsten Jahren und Jahrzehnten werden wir voraussichtlich anhaltende Fortschritte im Bereich der KI sehen. Das liegt nicht zuletzt daran, dass es gewaltige Anreize gibt, immer leistungsfähigere KIs zu entwickeln. Da leistungsfähige KIs einen großen strategischen und ökonomischen Nutzen versprechen, überrascht es nicht, dass viele Regierungen und Unternehmen sehr viel Geld in ihre Entwicklung investieren. Die Entwicklung von KI muss aber keineswegs nur einigen wenigen nützen. Intelligenz ist ein universelles Instrument, um Probleme zu lösen – seien es die ökonomischen »Probleme« einer kleinen Gruppe von Unternehmern oder Probleme, die die gesamte Menschheit betreffen. So betrachtet, könnte jeder ein Interesse an der Weiterentwicklung von KI haben.

Gibt es Dinge, die KIs grundsätzlich nicht beherrschen können? Das ist zumindest nicht klar. Oft wird angenommen, dass KIs nicht kreativ sein können. Wenn man aber normale menschliche Maßstäbe an die Schöpfungen von KIs anlegt, dann zeigen diese schon heute Kreativität. Beispielsweise sind etliche der Züge, die von Computerprogrammen im Schach und im Go gefunden wurden, aus Sicht menschlicher Experten innovativ, überraschend und sogar schön. Hätte ein Mensch diese Züge gefunden, wäre sie oder er ganz sicher für die offenbarte Kreativität gepriesen worden.

Wird es also irgendwann allgemeine KIs geben, also KIs, deren Intelligenz in allen Bereichen der von Menschen gleichkommt? Vieles spricht dafür, dass es früher oder später dazu kommen wird. Zunächst gibt es aus theoretischer Perspektive keinen Grund, warum allgemeine KI unmöglich sein sollte. Des Weiteren besteht, wie erwähnt, auf Seiten von Regierungen, Forschung und Industrie erhebliches Interesse daran, die Leistungsfähigkeit von KI immer weiter zu verbessern. Und schließlich sind die meisten KI-Forscher der Ansicht, dass es irgendwann allgemeine KI geben wird – trotz erheblicher Uneinigkeit darüber, wann das passiert. In einer Studie wurden 352 KI-Forscher gefragt, wann Maschinen jede Aufgabe besser und billiger bewältigen können werden als Menschen (Grace 2018). Die Antworten variierten stark. Im Mittelwert sahen die Forscher eine 50 % Wahrscheinlichkeit, dass dies bis zum Jahr 2057 geschieht und immerhin eine 10 % Wahrscheinlichkeit, dass es bis zum Jahr 2026 passieren wird. In einer anderen Studie (Walsh 2017) ergab der Mittelwert der Antworten von 201 KI-Experten, dass allgemeine KI mit einer 90 % Wahrscheinlichkeit bis zum Jahr 2109 erreicht wird. Der Mittelwert von 100 Experten in der Robotik zur selben Frage lag beim Jahr 2116. Aus Expertensicht ist es also sehr wahrscheinlich, dass es irgendwann allgemeine KI geben wird.

Heutige KI ist uns zwar in vielen Bereichen bereits überlegen, insgesamt aber ist sie von allgemeiner Intelligenz noch weit entfernt. Was fehlt heutigen KIs also, um ein menschliches Intelligenzniveau zu erreichen? Es leuchtet ein, dass sich diese Frage nicht leicht eindeutig beantworten lässt – wenn wir es könnten, wären wir allgemeiner KI zumindest schon ein gutes Stück näher. Dennoch gibt es einige Ansätze. Beispielsweise glauben viele Forscher, dass ein wichtiger Bestandteil allgemeiner Intelligenz ist, kausale Zusammenhänge zu verstehen. Den allermeisten heutigen KIs fehlt ein solches Verständnis. Um es zu erlangen, scheint es zumindest hilfreich zu sein, mit seiner Umwelt interagieren zu können. Denn auf diese Weise kann ein System lernen, welche Arten von Interaktionen welche Folgen haben und dadurch Rückschlüsse auf die kausale Struktur seiner Umwelt ziehen. Eine Möglichkeit zur Weiterentwicklung von KIs könnte daher sein, KIs mit künstlichen Körpern auszustatten, wie das etwa in der Robotik geschieht. Eine andere Möglichkeit besteht darin, KIs in virtuellen Welten lernen zu lassen, die reale Umgebungen simulieren. (Das oben besprochene Beispiel des Spiels StarCraft veranschaulicht, dass solche virtuellen Welten immer komplexer und damit potenziell auch lebensechter werden.) Beispielsweise werden autonome Fahrzeuge zum Teil so trainiert. Auch einige Unternehmen und Forschergruppen, die sich zum Ziel gesetzt haben, allgemeine KI zu entwickeln, trainieren KIs in virtuellen Umgebungen. Ein Vorteil dieses Ansatzes ist, dass die KIs in ihrer Lernphase auf diese Weise keinen Schaden anrichten können.

Wie auch immer allgemeine KI letztlich erreicht wird, es ist wahrscheinlich, dass es irgendwann dazu kommt. Es liegt nahe, dass dies für uns gewaltige Veränderungen mit sich bringen wird. Wir sollten zudem nicht den Fehler machen, zu glauben, dass allgemeine KI der Endpunkt der Entwicklung sein wird. Menschen neigen oft dazu, die intellektuellen Leistungen der besten Menschen auf einem Gebiet für nahezu unübertrefflich zu halten. Beispielsweise glaubten viele lange Zeit, dass die besten Schachspieler fast perfektes Schach spielen. (Der erste Weltmeister, Wilhelm Steinitz, forderte sogar Gott zu einer Partie heraus.) Ähnliches galt für Go. Es zeigte sich aber in beiden Fällen, dass es sehr viel Luft nach oben gibt, und dass für eine KI menschliches Niveau keine besondere Hürde darstellt. Es könnte also sein, dass auf die Entwicklung einer allgemeinen KI schon bald die einer künstlichen *Superintelligenz* folgt – d. h. einer KI, deren Intelligenz die von Menschen in allen Bereichen deutlich übertrifft. Wie realistisch dieses Szenario ist und welche Folgen es hätte, wird in Kapitel 5 ausführlich diskutiert.

3 Risiken und Chancen, Werte und Verzerrungen

Im Folgenden betrachten wir einige gesellschaftlich relevante Bereiche, in denen KI schon heute wichtig ist und voraussichtlich in den nächsten Jahren und Jahrzehnten eine noch weit größere Rolle spielen wird. Ein Schwerpunkt wird dabei darauf liegen, welche praktischen Auswirkungen auf unser Leben wir erwarten sollten und welche Möglichkeiten es gegebenenfalls geben könnte, die Entwicklung zu beeinflussen. Diese Diskussion wird uns im Weiteren erlauben, allgemeine Schlüsse darüber zu ziehen, unter welchen Umständen KI eine positive Rolle in unserer Gesellschaft spielen kann und welche Risiken bestehen.

Autonome Waffen

Im Jahr 2015 veröffentlichte das Future of Life Institute einen vielbeachteten offenen Brief, der vor den potenziell katastrophalen Folgen eines Rüstungswettlaufs bei der Entwicklung autonomer Waffen warnte (vgl. Tegmark 2017). Der Brief wurde von insgesamt 22 000 Personen unterschrieben, von denen über 3000 Forscher in der KI und der Robotik sind. Zu den Unterzeichnern gehörten u. a. der Physiker Stephen Hawking, Steve Wozniak (der Mitbegründer von Apple), Jaan Tallinn (der Mitbegründer von Skype), Elon Musk (der Gründer von Tesla und

J. Kipper, *Künstliche Intelligenz – Fluch oder Segen?*, https://doi.org/10.1007/978-3-476-05137-0_3

Space-X) sowie etliche der renommiertesten Forscher im Bereich der KI. Seit 2018 unterschrieben mehr als 3000 Forscherinnen und Forscher sowie 250 Organisationen einen Schwur, sich in keiner Weise an der Entwicklung, der Herstellung, dem Handel oder dem Einsatz tödlicher autonomer Waffen zu beteiligen. Eine Reihe von Staaten, darunter Österreich, Brasilien, Ägypten und Pakistan, sowie Organisationen, wie z. B. Human Rights Watch, haben sich zudem für ein präventives Verbot der Entwicklung und Verwendung völlig autonomer Waffen ausgesprochen. Bislang ist ein internationales Verbot, oder auch nur eine Einigung über die Regulierung autonomer Waffen, aber noch nicht in Sicht.

Die Vorstellung, dass fortgeschrittene KI in Waffensystemen verwendet werden könnte, ist zweifellos angsteinflößend – selbst dann, wenn man nicht von bestimmten Hollywood-Filmen beeinflusst ist. In einem von Stuart Russell – einem der weltweit renommiertesten KI-Forscher – beschriebenen Schreckensszenario werden Schwärme von mit Gesichtserkennung ausgestatteten autonomen Mini-Drohnen dazu verwendet, gezielt bestimmte Personen und Personengruppen zu töten. (Die filmische Aufbereitung dieses Szenarios ist auf YouTube zu finden: Slaughterbots 2017.) Russell weist darauf hin, dass wir zumindest nicht mehr weit davon entfernt sind, solche Waffen herstellen zu können.

Um abschätzen zu können, ob ein Verbot autonomer Waffen sinnvoll und umsetzbar wäre, müssen aber eine Reihe weiterer Faktoren berücksichtigt werden. Im Folgenden werde ich daher zunächst den heutigen Stand der Entwicklung autonomer Waffensysteme kurz darstellen. Im Anschluss werfen wir einen Blick auf die Frage, welche strategischen Überlegungen hinter der Entwicklung solcher Waffensysteme stehen und welche Folgen ihr Einsatz haben könnte. Die letzteren beiden Punkte sind wichtig, um zu verstehen, ob die Entwicklung bestimmter Arten autonomer Waffen wahrscheinlich ist und wie sie aus ethischer Sicht zu bewerten ist.

Eine Schwierigkeit in der Debatte um autonome Waffen ist, dass der relevante Begriff der Autonomie nicht klar definiert ist. In einer ersten Annäherung können wir vollkommen autonome

Waffen als solche verstehen, bei denen sowohl die Suche nach einem geeigneten Ziel, die Entscheidung, ein Ziel anzugreifen, als auch der eigentliche Angriff von der Waffe selbständig, ohne Einfluss eines Menschen vorgenommen werden. Der Grad der Autonomie einer Waffe hängt demnach davon ab, in welchem Ausmaß Menschen auf diese Prozesse Einfluss nehmen können. In diesem Sinne gibt es schon seit vielen Jahrzehnten Waffen, die über einen hohen Grad von Autonomie verfügen, etwa in Form präzisionsgesteuerter Munition. Ein modernes Beispiel einer Waffe dieses Typs ist das in Israel hergestellte System Harpy. Harpy ist eine Art Mischung aus einer Rakete und einer Drohne, deren Funktion es ist, Radarsysteme aufzuspüren und zu zerstören. Das System agiert nach dem Abschuss vollkommen selbständig. Da Harpy mehrere Stunden im Warteflug bleiben kann, ohne ein Ziel anzuvisieren, wird das System üblicherweise aktiviert, ohne ein bestimmtes Ziel vorzugeben und ohne, dass überhaupt klar ist, ob es ein geeignetes Ziel gibt. Beim Abschuss wird nur ein Suchkorridor vorgegeben, in dem die Drohne umherfliegt, der aber durch die lange Flugzeit sehr groß sein kann. Harpy agiert demnach bei der Suche, der Auswahl und dem eigentlichen Angriff auf Ziele ohne die Beteiligung eines Menschen und wäre daher dem oben angeführten Verständnis nach vollkommen autonom. Dennoch sind zumindest intuitiv deutlich autonomere Waffensysteme denkbar. So kann Harpy nicht entscheiden, ein entdecktes Radarsystem nicht anzugreifen, es kann keine Ziele angreifen, die keine Radarstrahlen aussenden usw. Autonomie scheint demnach ein nach oben offener Begriff zu sein, wobei Systeme, die mehr Arten von Aufgaben auf vielfältigere Weise selbständig bewältigen können, mehr Autonomie aufweisen. Es wäre daher vielleicht besser, in Diskussionen über autonome Waffen Grade von Autonomie zu unterscheiden, statt einen absoluten Begriff vollkommener Autonomie zu verwenden. Damit ließe sich auch beispielsweise präzisieren, welchen Grad von Autonomie Waffensysteme nicht überschreiten sollten. Im Allgemeinen – wenn auch nicht immer – werden autonomere Waffen auch intelligenter sein, da sie komplexere Aufgaben ohne den Einfluss von Menschen bewältigen müssen.

Aus strategischer Perspektive versprechen autonome und intelligente Waffen eine ganze Reihe von Vorzügen. So könnten sie die Anzahl der menschlichen Soldaten, die direkt an Kampfhandlungen beteiligt sind, minimieren. Anders als z. B. die heute eingesetzten, von Menschen gesteuerten Drohnen können autonome Waffen auch in Gebieten agieren, in denen keine Kommunikation möglich ist. Autonome Waffen können ohne Pause agieren, sie sind weitaus handlungsschneller und in vielen Bereichen auch präziser als Menschen. Da Prozessoren deutlich kleiner als Menschen sind, können autonome Waffen sehr klein sein. Zudem können sie Manöver fliegen, die für menschliche Piloten aus physiologischen Gründen unmöglich sind.

Selbst aus ethischer Sicht spricht einiges für den Einsatz autonomer Waffen. Wenn bewaffnete Konflikte von autonomen Waffen ausgetragen werden, könnte das bedeuten, dass sich weniger Menschen auf dem Schlachtfeld befinden, die zu Schaden kommen könnten. Zudem könnten autonome Waffen dazu beitragen, Kollateralschäden zu minimieren, da sie potenziell präziser als Menschen sind, nicht müde werden und keinen menschlichen Emotionen unterliegen. Dennoch ist offensichtlich, dass autonome Waffen große Gefahren mit sich bringen. Beispielsweise dürfte die Hemmschwelle dafür, kriegerische Konflikte zu beginnen, deutlich sinken, wenn man nicht das Leben eigener Soldaten riskieren muss. Das könnte insbesondere dann relevant werden, wenn ein großes technologisches und militärisches Gefälle zwischen den Konfliktparteien besteht. Autonome Waffen, die allein ihrer militärisch motivierten Programmierung folgen, bergen zudem das Potenzial, Konflikte zu eskalieren. Insbesondere dann, wenn solche Waffen mit autonomen Waffen einer anderen Partei interagieren, ist nicht vorhersehbar, wie diese Interaktion verlaufen wird. Da autonome Waffen zudem mit übermenschlicher Geschwindigkeit agieren können, könnte eine solche Eskalation zu schnell verlaufen, um von Menschen kontrollierbar zu sein. Und schließlich haben autonome Waffen schlicht ein gewaltiges zerstörerisches Potential, was nicht zuletzt das oben skizzierte hypothetische Beispiel der mit Gesichtserkennung versehenen Schwärme autonomer Drohnen verdeutlicht.

Insgesamt betrachtet überwiegen die Gefahren autonomer Waffen sehr wahrscheinlich den potenziellen Nutzen. Ob es sinnvoll ist, ein Verbot autonomer Waffen anzustreben, ist damit aber noch nicht geklärt. Angesichts der angesprochenen begrifflichen Unklarheiten, müsste dafür zunächst definiert werden, welche Arten von Waffen ein solches Verbot betreffen würde. Dabei sollte berücksichtigt werden, dass mehr Autonomie in Waffensystemen nicht in allen Bereichen schlecht ist, sondern sogar Menschenleben retten kann. Darüber hinaus stellt sich die Frage, was für eine Art von Verbot überhaupt durchsetzbar sein könnte. Eine Schwierigkeit hierbei besteht darin, dass es sehr schwer zu kontrollieren ist, ob ein Staat an der Entwicklung autonomer Waffen arbeitet. Oft sind die zugrundeliegenden Technologien auch dafür geeignet, beispielsweise bei Rettungsmissionen eingesetzt zu werden. Es bedarf unter Umständen nur einer kleinen Anpassung, um aus einem Rettungsroboter eine autonome Waffe zu machen. Es ist fraglich, ob ein internationales Verbot breite Anerkennung finden wird, wenn die Einhaltung des Verbots in der Praxis nicht zu kontrollieren ist. Allein die Sorge, dass potenzielle Konfliktpartner trotz eines Verbots an der Entwicklung solcher Waffen arbeiten, würde einen starken Anreiz schaffen, dasselbe zu tun.

Die vorangegangene Diskussion verdeutlicht, dass der richtige Umgang mit der Entwicklung und Nutzung autonomer Waffen ein komplexes Problem ist, dessen Lösung viel Detailarbeit erfordern wird. Ein möglicher Ansatz könnte sein, ein Verbot von autonomen Waffen mit bestimmten Funktionen oder mit einem bestimmten Grad von zerstörerischem Potenzial anzustreben – wie z. B. Anti-Personen-Waffen oder solche, die viele Zivilisten töten könnten. Die Geschichte von internationalen Waffenabkommen hat aber gezeigt, dass solche Verbote nur so lange wirksam sind, wie die strategischen Vorteile des Einsatzes solcher Waffen nicht die negativen Konsequenzen überwiegen, die eine Missachtung des Verbots mit sich bringt. Neben Verboten muss es daher wohl auch ein wesentlicher Bestandteil der Strategie gegen den Einsatz autonomer Waffen sein, Situationen gar nicht erst entstehen zu lassen, in denen ihr Einsatz den Konfliktparteien sinnvoll erscheint. Eine weitere Herausforderung wird es sein, den Zugang zu autonomen Waffen zu beschränken. Da KI-Technologie heute allgemein zugänglich ist, ist auch dieses Problem äußerst komplex. Es könnte sich durchaus als sinnvoll erweisen, den Zugang zu bestimmten Arten von Technologie, die heute noch frei verkäuflich sind (wie etwa Mini-Drohnen), zu beschränken.

Überwachung, soziale Kontrolle und Diskriminierung

Spätestens seit Edward Snowdens Enthüllungen ist allgemein bekannt, dass Regierungsbehörden ständig gewaltige Mengen von Daten über uns erheben. Dasselbe gilt für zahlreiche Unternehmen. All diese Daten zu erheben und zu speichern, ist nur durch die massiven Fortschritte möglich, die in den letzten Jahrzehnten im Bereich der Informationstechnologie gemacht wurden. Diese gewonnenen Daten auch zu nutzen, stellt allerdings eine noch größere technologische Herausforderung dar. Die fraglichen Datenmengen sind viel zu groß, um von Menschen überblickt und systematisch ausgewertet zu werden. Daher wird KI benötigt, um diese Daten zu analysieren. Dass Wissen Macht verleiht, ist ein Allgemeinplatz. Folglich bergen die schon heute vorhandenen Daten ein riesiges Machtpotenzial. Fortschritte in der KI werden es denjenigen, die Zugang zu den Daten haben, in immer größerem Umfang erlauben, dieses Machtpotenzial auszuschöpfen. Es wird daher von großer Bedeutung sein, diese Macht zu begrenzen oder sicherzustellen, dass sie in die richtige Richtung gelenkt wird.

Eine Reihe von Entwicklungen in China veranschaulichen leider viel zu gut, welche Folgen es haben kann, wenn das nicht passiert. Die chinesische Regierung hat in den letzten Jahren in der Xinjiang-Provinz ein Überwachungssystem eingeführt, dessen Umfang nach Ansicht zahlreicher Kommentatoren beispiellos ist. Xinjiang ist die Heimat der muslimischen Minderheit der Uiguren, deren Vertreter in der Vergangenheit oft mit der chinesischen Zentralregierung in Konflikt geraten sind. Schätzungen zufolge befinden sich momentan ca. eine Million Uiguren in »Umerziehungslagern« (vgl. z.B. Nebehay 2018; Simmons 2019).

Human Rights Watch (2017) zufolge wurden im Rahmen eines angeblichen Gesundheitsprogramms in der Region, in der über 24 Millionen Menschen leben, in den Jahren 2016 und 2017 biometrische Daten aller Bewohner zwischen 12 und 65 Jahren erhoben. Dem zufolge gehören zu diesen Daten Blutgruppe, Irisscans, Stimmaufnahmen und DNA. (Die chinesische Regierung gibt zu, ein umfangreiches Gesundheitsprogramm durchgeführt zu haben, bestreitet aber etwa, DNA-Proben genommen zu haben.) Zu Beginn des Jahres 2019 wurde eine Datenbank mit den Daten von 2,5 Millionen Einwohnern Xinjiangs entdeckt, deren Aufenthaltsort mit Hilfe moderner Überwachungstechnologie ständig nachverfolgt wird.

Auch in anderen Teilen Chinas entsteht momentan ein umfangreiches Überwachungssystem. Schon jetzt gibt es in China ca. 200 Millionen Überwachungskameras, die mit Hilfe von Gesichtserkennungssoftware u. a. die ethnische Zugehörigkeit der erfassten Personen automatisch bestimmt. Die chinesische Regierung plant, in naher Zukunft sämtliche wichtigen öffentlichen Plätze mit Kameras zu überwachen. Des Weiteren hat sie angekündigt, im Jahr 2020 ein Sozialkreditsystem einzuführen, in dem alle Bürger Chinas erfasst sind. Das offizielle Ziel des Systems ist es, Vertrauen aufzubauen und vertrauenswürdiges Verhalten zu belohnen. Momentan befindet sich das System in einer Pilotphase, in der etliche regionale Regierungen verschiedene Versionen testen. (Zudem gibt es eine Reihe ähnlicher kommerzieller Programme, deren Beziehung zum Sozialkreditprogramm der Zentralregierung nicht immer ganz klar ist.) Wer z. B. für einen guten Zweck spendet oder sich durch andere »heldenhafte Taten« hervortut, kann dadurch seinen Sozialkredit erhöhen und könnte etwa mit verkürzten Bearbeitungszeiten im Umgang mit Behörden belohnt werden. Verkehrssünden, Zahlungsversäumnisse oder »unsoziales Verhalten« (wozu offenbar auch gehört, als Journalist über Zensur und Korruption zu berichten, vgl. The complicated truth 2019) können jedoch zur Folge haben, dass man keine Flüge und Zugtickets mehr buchen kann, keine Immobilien kaufen oder Kredite aufnehmen kann, oder dass man öffentlich als nicht vertrauenswürdig gebrandmarkt wird. Ohne den Einsatz moderner KI beispielsweise zur Gesichtserkennung, Spracherkennung und der massenhaften Erfassung und Verarbeitung von Daten wäre ein solches Überwachungssystem nicht möglich. Zweifellos werden weitere Fortschritte in der KI-Forschung noch deutlich mehr Möglichkeiten eröffnen, Menschen zu kontrollieren.

Auch in der westlichen Welt wird KI in zunehmendem Maße verwendet, um Menschen zu beeinflussen, auch wenn die Methoden meistens (zum Glück) deutlich subtiler sind. Diese Beeinflussung erfolgt keineswegs nur von staatlicher Seite, sondern auch durch den Privatsektor. Online-Werbung ist ein gutes Beispiel dafür, wie Unternehmen KI verwenden, um unser Verhalten zu lenken. Welche Werbung Ihnen online angezeigt ab, hängt von zahlreichen Faktoren ab: von den Informationen, die Sie auf Facebook hinterlegt haben – einschließlich derer, die Sie als ›privat‹ gekennzeichnet haben –, von Ihren Google-Suchanfragen, davon, welche Webseiten Sie ansteuern und welche Links Sie dort anklicken und noch von etlichem mehr. KNNs sind in der Lage, in großen Datenmengen Korrelationen zwischen bestimmten Attributen zu finden. Sie könnten auf diese Weise beispielsweise herauszufinden, dass Facebook-Nutzer zwischen 45 und 55, die sich für historische Romane und Jazzmusik interessieren und seit kurzem Single sind, an Samstagabenden zu einer bestimmten Eiscremesorte nicht Nein sagen können. Aus Konsumentensicht hat diese zielgerichtete Werbung durchaus Vorteile. Je präziser sie wird, desto wahrscheinlicher wird es, dass man sich für ein beworbenes Produkt auch tatsächlich interessiert. Es ist jedoch wichtig, sich klarzumachen, dass Online-Werbung nicht dazu dient, uns die Dinge anzubieten, die wir wirklich wollen oder sogar brauchen, sondern diejenigen, die wir – vielleicht in einem schwachen Moment – bereit sind zu kaufen. So könnte beispielsweise eine spielsüchtige Person, die einmal eine Glücksspielseite besucht, es sich dann aber anders überlegt, in den nächsten Wochen ständig mit Werbung für Glücksspiele konfrontiert werden. Dass Online-Werbung verwendet wird, um gezielt Schwächen potenzieller Kunden auszunutzen, ist keineswegs nur eine hypothetische Möglichkeit. Beispielsweise belegt ein Bericht des US-Senats, dass Online-Werbung eingesetzt worden ist, um z. B. kürzlich

Geschiedene, Personen, die physischen oder psychischen Missbrauch erfahren haben oder aus anderen Gründen ein niedriges Selbstbewusstsein haben könnten, für überteuerte profitorientierte Universitäten zu rekrutieren. (O'Neil 2017, 97–116 bespricht einige Fälle dieser Art.)

Die über potenzielle Kunden gesammelten Datenmengen sind nicht nur geeignet, um herauszufinden, welche Produkte wir kaufen würden. Mit ihnen lässt sich z. B. auch ermitteln, wie viel wir dafür zu zahlen bereit sind. Schon jetzt ändern sich die Preise von online angebotenen Waren häufig und zum Teil deutlich, in einer für uns Kunden selten nachvollziehbaren Weise. Es ist durchaus denkbar, dass es in nicht allzu ferner Zukunft möglich sein wird, präzise zu bestimmen, wie viel eine bestimmte Person in einer bestimmten Situation für ein Produkt zu bezahlen bereit wäre.

Vielleicht wenden Sie jetzt ein, dass das alles nichts Neues ist. Unternehmen bringen Kunden schon seit langer Zeit dazu, Dinge zu kaufen, die sie nicht brauchen. Und es gab schon immer Gebrauchtwagenhändler, die einem offensichtlich ahnungslosen Kunden wie mir einen ganz anderen Preisvorschlag machen als einer Automechanikerin. KI-gestützte Verkaufspraktiken unterscheiden sich also nur quantitativ, aber nicht qualitativ von dem, was schon lange üblich ist. Rein quantitative Unterschiede können allerdings von enormer Bedeutung sein. (Auch der Unterschied zwischen dem Jahreseinkommen von Amazon-Gründer Jeff Bezos und dem eines Arbeiters in einer von Amazons Lagerhallen ist rein quantitativ.) Wenn Unternehmen auf der Grundlage immer größerer Datenmengen und immer besserer KI Konsumentenverhalten immer präziser vorhersagen und damit steuern können, könnte das zu einem gewaltigen Machtgefälle zu Ungunsten der Verbraucher führen.

Auch in politischen Wahlkampagnen wird es immer wichtiger, großflächig Daten zu sammeln und auszuwerten – häufig mit der Hilfe von KI. Beispielsweise ist viel über den Einfluss von Datenwissenschaftlern auf Barack Obamas Wahlkampagnen geschrieben worden. Prinzipiell ist gegen diesen Ansatz nichts einzuwenden, aber vieles hängt davon ab, wie diese Daten erworben werden, wie persönlich sie sind und wie sie verwendet werden. Ein prominentes Negativbeispiel ist der Facebook-Skandal um die Beraterfirma Cambridge Analytica. Im Jahr 2018 wurde bekannt, dass Cambridge Analytica, welche enge Kontakte zu Donald Trumps Wahlkampfteam pflegte, auf illegitime Weise Zugang zu den persönlichen Daten von 87 Millionen Facebook-Nutzern erlangt hatte. Diese Daten wurden verwendet, um Persönlichkeitsprofile dieser Nutzer zu erstellen und ihnen dann gezielt bestimmte (oft unwahre) Nachrichten anzuzeigen und so die US-amerikanische Präsidentschaftswahl zugunsten Trumps zu beeinflussen. Wie groß der Einfluss von Cambridge Analytica auf die Wahl letztlich war, lässt sich schwer prüfen. Es wäre aber sicherlich nicht wünschenswert, wenn Wahlen dadurch entschieden würden, wer besser darin ist, gezielt die individuellen psychologischen Schwächen von Wählern auszunutzen. Natürlich gab es schon immer Demagogen, die politische Macht erlangen konnten, indem sie an irrationale Überzeugungen und Gefühle von Wählern appelliert haben. Was neu ist, ist aber die Präzision, mit der individuelle psychologische Schwächen in großem Maßstab anvisiert werden können.

Was müsste also getan werden, um derartigen Fehlentwicklungen entgegenzusteuern – sei es im Bereich der Online-Werbung, bei politischen Kampagnen oder anderswo? Facebook hat eigenen Angaben zufolge umfassende Maßnahmen durchgeführt, um vergleichbare Datenlecks zu verhindern. Es kann aber nicht allein den Unternehmen selbst überlassen werden, Missbrauch zu vermeiden. Ein wichtiger Ansatzpunkt ist der gesetzliche Schutz persönlicher Daten. Innerhalb der EU ist mit der 2016 in Kraft getretenen Datenschutz-Grundverordnung (DSGVO) schon ein Schritt gemacht worden, um persönliche Daten besser zu schützen. Unter anderem verlangt die DSGVO von Unternehmen mehr Transparenz im Umgang mit persönlichen Daten, sie schützt solche Daten stärker als zuvor davor, an Dritte weitergegeben zu werden und sieht in vielen Fällen vor, dass persönliche Daten gelöscht werden müssen, wenn der Zweck, für den sie gesammelt wurden, erfüllt wurde. Der Schutz persönlicher Daten ist aber auch ein technisches Problem. Da die Möglichkeiten wachsen, auf illegale Weise persönliche Daten zu sammeln, müssen Methoden entwickelt werden, um das zu verhindern. Und nicht zuletzt wäre es hilfreich, wenn wir alle sensibler dafür wären, welche unserer persönlichen Daten wir anderen zugänglich machen.

Medizin und Wissenschaft

Lungenentzündungen gehören zu den weltweit häufigsten Todesursachen bei Kindern. Allein im Jahr 2015 starben weltweit ca. 900 000 Kinder unter fünf Jahren an einer Lungenentzündung. In vielen Teilen der Welt fehlt Betroffenen der Zugang zu einer adäquaten medizinischen Behandlung. Aber auch der Zugang zu Diagnostik ist sehr häufig ein Problem. Pro Jahr werden weltweit ca. zwei Milliarden Röntgenaufnahmen des Brustkorbs vorgenommen. All diese Aufnahmen zu begutachten, ist eine gewaltige Aufgabe. Auch in Ländern der westlichen Welt fehlt es oft am erforderlichen Personal. KI könnte hier Abhilfe schaffen. Beispielsweise berichten die Autoren einer 2017 veröffentlichten Studie (Rajpurkar et al. 2017), dass ein von ihnen trainiertes KNN die Genauigkeit menschlicher Radiologen bei der Diagnose von Lungenentzündung übertrifft. Dasselbe KNN ist außerdem in der Lage, eine ganze Reihe anderer Lungenkrankheiten zu erkennen.

Die Diagnose von Lungenentzündung ist nur ein Beispiel unter vielen für die bemerkenswerten Fortschritte, die KNNs in den letzten Jahren in vielen Bereichen in der Diagnostik und Prognose gemacht haben. Im Grunde sind diese Fortschritte wenig überraschend, da bekannt ist, dass die jüngere Generation von KNNs große Stärken in der Bilderkennung hat. Solche KNNs können prinzipiell in allen Bereichen der Medizin verwendet werden, in denen es gilt, Muster in Bilddaten zu finden. Das betrifft nicht nur die Radiologie, sondern beispielsweise auch die Pathologie. Der Einsatz von KI in der Diagnostik und Prognose könnte in Zukunft das Gesundheitssystem stark entlasten. KIs können große Mengen von Bildern in kurzer Zeit bewerten und damit Ärzten sehr viel Arbeit abnehmen. Auf längere Sicht könnten KIs beispielsweise die Arbeit von Radiologen sogar ersetzen.

IBMs Watson ist ein besonders ambitionierter Versuch, KI in der Medizin einzusetzen. Watson zeigte im Jahr 2011 seine Fähigkeiten im Verständnis natürlicher Sprache, indem es zwei der erfolgreichsten menschlichen Teilnehmer bei Jeopardy schlug. (Jeopardy ist eine vor allem in den USA sehr beliebte Quizshow.) Daraufhin kündigte IBM an, Watsons Fähigkeiten in Zukunft auf die Medizin anzuwenden. Watson sollte mit dem gesammelten menschlichen medizinischen Wissen gefüttert werden und dadurch alle bekannten Krankheiten erlernen sowie ihre Symptome und Therapien. Zudem sollte Watson auch sämtliche medizinischen Daten von individuellen Patienten aufnehmen, indem es etwa Laborberichte und ärztliche Atteste »liest«. Auf der Grundlage dieser gewaltigen Datenbasis sollte Watson dann in der Lage sein, selbständig Diagnosen und Prognosen für Patienten für das gesamte Spektrum von Krankheiten zu stellen, sowie die effektivsten Behandlungen vorzuschlagen. Bislang hat Watson längst nicht alles geliefert, was man sich von dem System versprochen hat. Das von IBM betriebene Projekt ist allerdings äußerst anspruchsvoll und es verwundert daher nicht, dass es einige Zeit dauert, bis es die erhofften Früchte tragen kann.

Ob Watson selbst die medizinische Praxis revolutionieren wird, sei dahingestellt. Es ist aber schwer von der Hand zu weisen, dass KI das Potenzial dazu hat. Es gibt heute bereits riesige Mengen medizinischer Daten aus sehr vielen verschiedenen Bereichen. Zudem arbeiten gegenwärtig schon etliche Teams von Forschern daran, medizinische Daten in großem Umfang zu sammeln und zu systematisieren. Für Menschen ist es unmöglich, all das enthaltene Wissen aufzunehmen oder systematisch nutzbar zu machen. KIs sind hingegen ideal dafür geeignet, große Mengen von Daten zu erfassen und Muster darin zu erkennen.

KI wird heute auch schon in der medizinischen Forschung eingesetzt, z. B. bei der Suche nach neuen Medikamenten. Ein Bereich, in dem die Verwendung von KI großes Potenzial bergen könnte, ist in der Erforschung der Proteinfaltung. Im menschlichen Körper gibt es etliche Tausende verschiedener Proteine, die dort sehr wichtige Aufgaben leisten – etwa bei der Muskelkontraktion und beim Sauerstofftransport. Welche Aufgaben ein Protein leisten kann, hängt von seiner dreidimensionalen

Struktur ab. Die wiederum wird durch den Aufbau der Aminosäureketten bestimmt, aus denen sie bestehen. Zu verstehen und vorhersagen zu können, wie bestimmte Aminosäureketten sich zu spezifischen dreidimensionalen Strukturen falten, ist ein äußerst komplexes Problem, an dem Forscher seit Jahrzehnten arbeiten. Seine Relevanz erhält das Problem z. B. dadurch, dass Fehler bei der Proteinfaltung eine Rolle bei einigen schweren und weitverbreiteten Krankheiten spielen, wie etwa bei Alzheimer und Parkinson. In den letzten Jahren haben KNNs bei der Vorhersage der Proteinfaltung große Fortschritte gemacht. Gegenüber traditionellen computergestützten Ansätzen sind diese KNNs nicht nur präziser, sondern auch deutlich schneller und weniger rechenintensiv.

Beinahe alle Wissenschaftsfelder stützen sich inzwischen auf KI. Ein naheliegender Grund dafür ist auch hier wieder der Anstieg an verfügbaren Daten, in Verbindung mit dem Umstand, dass KIs sehr viel besser als Menschen darin sind, große Datenmengen zu verarbeiten und darin Muster zu erkennen. Wie die lange Liste von KIs, die unseren Alltag prägen am Anfang dieses Buchs verdeutlicht, ist KI in vielen Bereichen schon längst über eine reine Forschungsanwendung hinausgewachsen. Es wäre müßig, zu versuchen, einen umfassenden Überblick über die Zukunft der KI in der Wissenschaft geben zu wollen. Stattdessen möchte ich hier nur einige wenige Beispiele herausgreifen, die verdeutlichen sollen, welche Umwälzungen der Einsatz von KI in der Wissenschaft mit sich bringen könnte.

Wettersysteme sind chaotisch, was bedeutet, dass ihre Entwicklung stark von ihren Anfangsbedingungen abhängt. Kleinste Abweichungen können gewaltige Unterschiede im Hinblick darauf machen, wie das Wetter in zwei Wochen aussieht – dieses Phänomen wird häufig als ›Schmetterlingseffekt‹ bezeichnet. Daraus folgt, dass sich das Verhalten chaotischer Systeme sehr schwer berechnen lässt. Das macht es in der Praxis (bisher) unmöglich, eine präzise Wettervorhersage für die nächsten drei Wochen zu machen. In jüngerer Zeit wurden aber spektakuläre Fortschritte bei der Vorhersage des Verhaltens chaotischer Systeme gemacht. KNNs können häufig für einen um ein Vielfaches längeren Zeitraum als bisherige Modelle vorhersagen, wie sich ein chaotisches System verhalten wird. Das bestätigt, dass KNNs selbst bei Phänomenen, die sich einer analytischen Lösung entziehen (die also nicht vollkommen präzise berechnet werden können), häufig in der Lage sind, komplexe Muster in Daten zu finden. Die meisten komplexen physikalischen Systeme in der Natur sind chaotisch – neben Wettersystemen unterliegen beispielsweise auch das Auftreten von Turbulenzen in Luft- und Wasserströmen, von Sonnenstürmen, Herzrhythmusstörungen und Erdbeben chaotischen Prozessen. Es wäre von großer Bedeutung, wenn sich solche Prozesse mit Hilfe von KI sehr viel besser vorhersagen ließen.

Lernende KIs sind bereits in vielen Bereichen bei der Suche nach neuen Materialien eingesetzt worden und könnten beispielsweise dabei helfen, effizientere Solarzellen zu entwickeln. Einen noch deutlich größeren Beitrag zur Bewältigung der globalen Energiekrise könnte KI in der Entwicklung von Kernfusionsreaktoren spielen. Unsere Sonne produziert Energie, indem sie Wasserstoff-Atomkerne zu Helium verschmilzt. Forscher haben weltweit seit vielen Jahrzehnten versucht, diesen Prozess auch auf der Erde zur Energiegewinnung nutzbar zu machen. Die Kernfusion verspricht gegenüber heute verwendeten Energiequellen gewaltige Vorzüge. So erzeugt sie bei gleicher Masse millionenfach mehr Energie als das Verbrennen fossiler Brennstoffe. Bei der Kernfusion werden keine Treibhausgase produziert und die anfallenden radioaktiven Abfälle sind im Vergleich zu herkömmlichen Spaltungsreaktoren relativ strahlungsarm. Zudem sind schwere Unfälle wie die in den Spaltungsreaktoren in Tschernobyl und Fukushima bei Fusionsreaktoren praktisch ausgeschlossen.

Um den Fusionsprozess in Gang zu setzen, muss Wasserstoff auf sehr hohe Temperaturen erhitzt und sehr großem Druck aufgesetzt werden. Bei diesen Bedingungen wird Wasserstoff zu Plasma – einem (auf der Erde) exotischen Zustand von Materie. In den gebräuchlichsten Fusionsreaktoren wird dieses Plasma in starken Magnetfeldern eingeschlossen. Trotz großem Forschungsaufwand ist es aber bis heute nicht gelungen, dieses Plasma gut genug zu kontrollieren, um einen Fusionsprozess hinreichend lange und ohne zu großen Energieverlust aufrechtzuerhalten. KI kann nun z.B. dabei helfen, das Plasma zu kontrollieren, indem sie dessen Verhalten vorhersagt. Denn wie oben bereits erwähnt wurde, scheinen sich KNNs außerordentlich gut zu eignen, das Verhalten komplexer Systeme vorherzusagen. Tatsächlich sind in den letzten Jahren mit Hilfe von KNNs bereits einige Erfolge dabei erzielt worden, das Verhalten des Plasmas in Fusionsreaktoren schneller und präziser als bisher vorherzusagen. Etliche Experten glauben, dass es der Einsatz von KI ermöglichen könnte, Kernfusion als Energiequelle nutzbar zu machen. Da Wasserstoff auf der Erde sehr verbreitet ist, könnte diese Technologie all unsere Energieprobleme lösen und uns für viele Millionen Jahre mit sauberer Energie versorgen.

Die Anwendung von KI in Medizin und Wissenschaft hat heute noch mit einigen systematischen Schwierigkeiten zu kämpfen. Ein bereits angesprochenes Problem ist, dass heutige KNNs eine große Datenmenge von hoher Qualität und in geeignetem Format benötigen, um brauchbare Ergebnisse liefern zu können. Derartige Daten sind längst nicht in allen Bereichen vorhanden. Aber die Medizin und viele wissenschaftliche Disziplinen werden immer besser darin, große Mengen von Daten zu generieren und zu speichern. Des Weiteren gibt es anhaltende Fortschritte bei der Entwicklung von Methoden, um auch mit einer verhältnismäßig dünnen Datenbasis zuverlässige KNNs zu trainieren. Es fällt naturgemäß schwer, genaue Vorhersagen darüber zu machen, wann mit welchen Durchbrüchen zu rechnen ist. Wie in Kapitel 2 argumentiert wurde, ist es aber kaum zu leugnen, dass KI das Potenzial hat, menschliche Intelligenz zumindest in sehr vielen Bereichen bei weitem zu übertreffen. Wenn dieses Potenzial auf Medizin und Wissenschaft angewendet wird, wird es diese zweifellos revolutionieren.

Werte und Verzerrungen

Die bis hierhin diskutierten Beispiele veranschaulichen die (wenig überraschende) Tatsache, dass KI an sich nicht gut oder schlecht ist. Ob die Folgen der Anwendung von KI wünschenswert sind oder nicht, hängt von zwei Faktoren ab, die ich hier als Werte und Verzerrungen bezeichnen möchte. Unter Werten verstehe ich dabei das, was ein System – sei es eine KI oder eine Person – wertschätzt, bzw. welche Ziele es verfolgt. (Wem diese Redeweise auf KIs angewendet zu metaphorisch ist, kann Werte hier im Sinne der in Kapitel 2 diskutierten Bewertungsfunktionen verstehen, über die etwa Go- und Schachprogramme verfügen.) Mit Verzerrungen sind hingegen sämtliche Arten von Fehlerquellen gemeint, die ein System davon entfernen, seine Werte zu realisieren – d. h., seine Ziele zu erreichen. Die richtigen Werte zu finden und Verzerrungen zu minimieren, ist natürlich in jedem Lebensbereich wichtig. Wie ich aber im Folgenden darlegen möchte, ist dies sehr viel schwieriger und zugleich sehr viel wichtiger, wenn es um die Verwendung von KIs geht.

In vielen Fällen ist es unproblematisch, wenn Akteure mit unterschiedlichen Werten aufeinandertreffen. Ein typisches Beispiel hierfür sind Märkte. Die Interessen von Anbietern und Konsumenten stehen häufig miteinander im Konflikt: Anbieter wollen ihre Ware so teuer wie möglich verkaufen und Konsumenten wollen sie so günstig wie möglich erwerben. Dennoch kann der letztlich gezahlte Preis für beide Seiten vorteilhaft sein. Wenn KIs ins Spiel kommen, kann ein solches System aber leicht aus dem Gleichgewicht geraten. KIs können sehr viel schneller und präziser als Menschen agieren und sie können zudem beliebig oft vervielfältigt werden. Die Werte derjenigen Parteien, die Zugang zu fortgeschrittene(re)n KIs haben, können dadurch sehr einseitig realisiert werden – zu Lasten aller anderen. Das gilt nicht nur für egoistische Werte bzw. solche, die dem Gemeinwohl offensichtlich entgegengehen. Auch solche Werte, die unter normalen Umständen neutral sind oder sogar dem Gemeinwohl dienen, können verheerende Folgen haben, wenn sie durch leistungsstarke KIs gestützt werden. Das lässt sich wie folgt verdeutlichen: Leistungsfähige KIs sind (per Definition) gut darin, komplexe Aufgaben zu bewältigen. Da sie auf enorm viele Bereiche anwendbar sind und in nahezu beliebiger Zahl, sind sie ungeheuer gut darin, Werte zu realisieren – welche Werte das auch immer sein mögen. Die allermeisten Werte und Ziele, die wir normalerweise verfolgen, sind das

Produkt von Umständen, in denen diese Werte und Ziele mit vielen anderen konkurrieren. Sie sind daher nicht dafür ausgelegt, *zu gut* realisiert zu werden. Ein einfaches Beispiel: Unternehmen versuchen, Gewinne zu maximieren. Wenn ein Unternehmen zu gut darin wäre, das zu realisieren und schließlich sämtliche Güter für sich vereinnahmte, wären die Folgen für die Allgemeinheit katastrophal.

Wenn wir davon sprechen, dass bestimmte Werte dominant werden könnten, sind damit vorerst noch die Werte derjenigen Personen gemeint, die KIs verwenden. Mit zunehmend leistungsstärkeren KIs werden aber auch die Werte (oder Bewertungsfunktionen) der KIs selbst immer wichtiger. Wir werden auf das Problem, den KIs die richtigen Werte zu geben sowie auf das Phänomen, dass harmlos scheinende Werte verheerende Folgen haben können, wenn sie zu gut realisiert werden, in Kapitel 5 noch einmal zurückkommen.

Selbst dann, wenn wir die richtigen Werte gewählt haben, birgt die Verwendung von KI Gefahren in Form diverser möglicher Verzerrungen. Das folgende Beispiel soll das anschaulich machen und zugleich verdeutlichen, dass sich unsere eigenen Verzerrungen häufig auf die von uns geschaffenen KIs übertragen und damit verstärken.

Der oben dargestellte Umgang der chinesischen Regierung mit den Uiguren ist ein eklatantes Beispiel dafür, wie KI verwendet werden kann, um Minderheiten zu diskriminieren. Dass der Gebrauch von KI diskriminierend wirkt, ist leider kein seltenes Phänomen, das auch dann auftreten kann, wenn keiner der Beteiligten Diskriminierung beabsichtigt. Ein Beispiel hierfür ist ein von Amazon entwickelter Algorithmus, der Stellenbewerber automatisch bewertete und Zeit bei der Rekrutierung sparen sollte. Es zeigte sich, dass der Algorithmus Frauen systematisch benachteiligte, indem er beispielsweise Bewerber schlechter bewertete, wenn in ihren Bewerbungen der Ausdruck ›Frauen-‹ auftauchte oder wenn sie an reinen Frauen-Unis ihren Abschluss gemacht hatten (vgl. Dastin 2018). Was war passiert? Die beteiligten Forscher hatten ein KNN auf der Grundlage von Bewerbungsunterlagen früherer Kandidaten trainiert. Wenig überraschend, waren bei vorangegangenen Stellenausschreibungen die meisten erfolgreichen Bewerber Männer, und so kam das KNN zur Auffassung, dass Frauen grundsätzlich schlechtere Kandidaten sind. Amazon gab schließlich das gesamte Projekt der KI-geleiteten Rekrutierung auf.

Der Fall lehrt uns einiges über die Gefahren der Verwendung von KI. Drei eng miteinander verwandte Probleme, d. h. Verzerrungen, sollen hier kurz erörtert werden. Erstens verdeutlicht das Beispiel, dass zumindest die heute existierenden KNNs zwar in der Lage sind, Korrelationen aufzudecken, aber nicht unbedingt Kausalbeziehungen. Dass Frauen in der Vergangenheit mit ihren Bewerbungen weniger erfolgreich waren, zeigt sicher nicht, dass irgendetwas am Frausein eine Person zu einer schlechteren Mitarbeiterin macht. Wahrscheinlicher ist (z. B.), dass Vorurteile auf Seiten der menschlichen Personalreferenten dazu führten, dass Frauen benachteiligt wurden. Zweitens zeigt das Beispiel, dass der Lernprozess von KNNs darauf angewiesen ist, dass ein vernünftiges Erfolgskriterium definiert wurde. Was Amazon suchte, waren fähige Mitarbeiter. Da es nicht leicht ist, diese zu identifizieren, trainierte man das KNN anhand eines deutlich leichter zu prüfenden Kriteriums, nämlich: Welche Bewerber bekommen einen Job? In diesem Sinne tat das KNN das, was man ihm aufgetragen hatte, aber nicht das, was Amazon wollte: Es identifizierte Bewerber, die gute Chancen haben, eine Stelle zu kriegen und nicht zwingend die, die gute Arbeit leisten werden. Drittens zeigt der Fall, dass der Lernprozess von KNNs entscheidend von der Qualität der Datenbasis abhängt und sich insbesondere Verzerrungen in der Datenbasis in den Urteilen des KNNs widerspiegeln. Einfach ausgedrückt: Ein KNN, das mit Daten aus einem diskriminierenden System gefüttert wird, lernt, selbst diskriminierende Urteile zu fällen.

Dass wir – häufig unbeabsichtigt – unsere eigenen Vorurteile und sonstigen Verzerrungen auf KIs übertragen, ist leider kein seltenes Phänomen. Dazu kommen, wie in Kapitel 2 gesehen, Fälle, in denen KIs für Menschen geradezu bizarr wirkende Verzerrungen aufweisen. Wie auch im Fall fehlgeleiteter Werte ist das besondere Problem im Fall von KI, dass diese die Möglichkeit bieten, diese Verzerrungen beliebig häufig und in großer Geschwindigkeit anzuwenden. Das kann u. a. zur Folge haben, dass die Diskriminierung bestimmter Personengruppen – ob gewollt oder nicht – in viel größerem Umfang und auf viel systematischere Weise als bisher betrieben wird. Wie in Kapitel 2 bereits erläutert wurde, können systematische Fehler, d. h. Verzerrungen, in KIs in den meisten Bereichen nie ganz beseitigt werden. Allerdings können wir einiges dafür tun, um die negativen Konsequenzen dieser Verzerrungen zu minimieren. Dazu gehört u. a., die Datenbasis von KIs auf Verzerrungen zu prüfen, zu versuchen, Urteile von KIs zu erklären und gezielt die Auswirkungen der Verwendung von KIs auf bestimmte Gruppen zu untersuchen. Wenn das gelingt, können KIs sogar dazu beitragen, bestehende Vorurteile und andere Verzerrungen abzubauen.

KI ist ein sehr mächtiges Instrument, das großartige Dinge ermöglichen kann, aber eben auch entsetzliche. Es ist daher von enormer Bedeutung, sicherzustellen, dass KIs mit den richtigen Werten ausgestattet und verwendet werden und dass Verzerrungen offengelegt und minimiert werden. Um das zu erreichen, wird es zum einen in vielen Bereichen notwendig sein, die Verwendung von KIs zu regulieren. Zum anderen wird entscheidend sein, dass wir KIs nicht blind vertrauen oder verdammen, sondern stattdessen versuchen, so gut wie möglich zu verstehen, wie sie funktionieren, wo ihre Schwächen liegen und welche Folgen ihr Gebrauch hat.

4 Das Ende der Arbeit und die Folgen

Wir haben gesehen, dass KIs immer mehr Fähigkeiten erwerben, die bislang allein Menschen vorbehalten waren. Aus Erfahrung wissen wir zudem, dass, wenn Maschinen etwas beherrschen, sie es normalerweise deutlich schneller, zuverlässiger und vor allem billiger tun als Menschen. Diese Beobachtungen legen die Vermutung nahe, dass Fortschritte in der KI große Auswirkungen auf den Arbeitsmarkt haben werden. Welche Auswirkungen das sind, ist das Thema dieses Kapitels. Meine Kernthese wird sein, dass es auf lange Sicht sehr viel weniger Bedarf für menschliche Arbeit als heute geben wird. Das wirft die Frage auf, was wir angesichts dieser Entwicklung tun sollen. Zum einen müssen wir neue Wege finden, unseren Lebensunterhalt zu bestreiten, wenn wir nicht mehr dafür entlohnt werden, unsere Arbeitskraft zur Verfügung zu stellen. Auf gesellschaftlicher Ebene wird die Herausforderung darin bestehen, den durch KIs erwirtschafteten Reichtum auf geeignete Weise umzuverteilen. Für viele Menschen heute ist Arbeit aber nicht nur eine Einkommensquelle, sondern auch eine wichtige Quelle ihres Selbstwertgefühls und ein wesentlicher Bestandteil persönlicher Ziele. Daher werden wir uns zum anderen mit der Frage auseinandersetzen müssen, wie wir auch jenseits finanzieller Erwägungen ein erfülltes Leben ohne Arbeit führen können.

Es ist beinahe eine ökonomische Binsenweisheit, dass technologischer Fortschritt mehr Arbeitsplätze schafft als er ver-

J. B. Metzler © Springer-Verlag GmbH Deutschland, ein Teil von Springer Nature, 2020
J. Kipper, *Künstliche Intelligenz – Fluch oder Segen?*, https://doi.org/10.1007/978-3-476-05137-0_4

nichtet. Diese Auffassung ist empirisch gut bestätigt. Zwar haben technologische Fortschritte in der Vergangenheit zweifellos zahlreiche Arbeitsplätze und sogar ganze Berufsgruppen verdrängt. Aber allein der Umstand, dass die Erwerbstätigenquoten in zahlreichen Industrienationen in den letzten Jahrzehnten sogar gestiegen sind, zeigt, dass zugleich sehr viele neue Arbeitsplätze geschaffen wurden. Die meisten Ökonomen scheinen davon auszugehen, dass die KI hier keine Ausnahme darstellt und sie insgesamt betrachtet ein belebender Faktor für den Arbeitsmarkt sein wird. Das scheint meiner oben formulierten Kernthese zu widersprechen. Um diese These zu stützen, bedarf es guter Argumente, warum sich KI in ihrer Auswirkung auf den Arbeitsmarkt von anderen Technologien unterscheidet.

Die theoretischen Prinzipien hinter der von den meisten Ökonomen vertretenen These, dass neue Technologien – einschließlich der KI – mehr Arbeitsstellen schaffen als sie verdrängen, lassen sich wie folgt skizzieren: Wenn durch den Einsatz neuer Technologien mehr Abläufe in Unternehmen automatisiert werden, fallen dadurch erst einmal Arbeitsstellen weg. Allerdings sinken dadurch auch die Produktionskosten. Das wiederum hat die folgenden beiden Effekte: Zum einen sinken die Preise für die Produkte, was zu einer Steigerung der Nachfrage führt. Zum anderen profitieren zumindest einige Personen von der Senkung der Produktionskosten, so dass sie mehr Geld zur Verfügung haben, das sie dann für andere Produkte ausgeben können. Beide Effekte führen also dazu, dass mehr Bedarf an bestimmten Produkten besteht. Und um diesen Bedarf decken zu können, müssen neue Mitarbeiter eingestellt werden. Das Endergebnis dieses Prozesses ist, dass es insgesamt mehr Stellen gibt als zuvor. So viel zur Theorie, die zudem – wie oben angesprochen – empirisch gut bestätigt zu sein scheint.

Die Anwendbarkeit dieser Theorie auf spezifische Bereiche setzt aber voraus, dass gewisse Rahmenbedingungen vorliegen. So gibt es zumindest bei sehr vielen Produkten eine Obergrenze, ab der fallende Preise nicht zu einer weiteren Steigerung der Nachfrage führen. (Würden Sie z. B. hundertmal mehr Autos, Zahnstocher, Tomaten, Computer usw. kaufen, wenn diese hundertmal weniger kosten würden als heute?) Das bedeutet, dass ab einer bestimmten Steigerung der Produktivität lediglich die Profite für Unternehmen steigen, nicht aber der Bedarf an neuen Stellen. Weiterhin profitieren in vielen Fällen nur ein paar wenige Personen von diesen Profiten. (Die bekannten Ökonomen Andrew McAfee und Erik Brynjolfsson (2014, 179–197) glauben, dass das in besonderem Maße für die Produkte von Informationstechnologie – einschließlich der KI – gilt und bezeichnen das Ergebnis dieser Entwicklung als »Superstar-Ökonomie«.) Wenn diese Superreichen hundertmal so reich wären wie heute, würden sie wirklich hundertmal mehr konsumieren? Die Folgen zunehmender Automatisierung hängen zudem von der Geschwindigkeit ab, mit der sie sich vollzieht. In den meisten Fällen haben die neu geschaffenen Stellen ein anderes Anforderungsprofil als diejenigen, die wegfallen. Wenn zu schnell zu viele Stellen wegfallen, kann das zum einen dazu führen, dass viele Menschen ihren Arbeitsplatz verlieren und auch keine neuen Stellen finden, für die sie qualifiziert sind. Zum anderen könnte es nicht hinreichend viele Bewerber geben, die für die neu geschaffenen Stellen qualifiziert sind. Im Ergebnis gäbe es steigende Arbeitslosigkeit und ein zumindest stark verlangsamtes Wirtschaftswachstum. Schließlich stellt sich die Frage, was passiert, wenn die Produktion in vielen Bereichen vollständig oder zumindest größtenteils automatisiert wird. In diesem Fall würde eine gesteigerte Nachfrage zwar unter Umständen zu mehr Produktivität führen, aber höchstens bedingt zur Schaffung neuer Stellen, da auch die zusätzliche Nachfrage weitgehend ohne menschliche Mithilfe gedeckt würde.

Die weitverbreitete optimistische Theorie über den Einfluss von Technologie auf den Arbeitsmarkt greift also nicht, wenn die Automatisierung zu schnell geschieht und insbesondere dann, wenn sie zu umfassend ist. In diesem Fall könnte der Einfluss von Technologie auf den Arbeitsmarkt ohne Weiteres negativ sein. Die entscheidende Frage für uns ist also, wie schnell und in welchem Umfang der Einsatz von KI Arbeitsstellen verdrängen wird. Die folgenden Überlegungen verdeutlichen, dass in den nächsten Jahren eine große Menge von Arbeitsstellen betroffen sein könnte. Traditionell werden vor allem routinebasierte Berufe automatisiert, da diese leichter von Computerprogrammen oder Robotern zu bewältigen sind. Routinebasierte Jobs sind solche, deren Anforderungen sich durch das Befolgen klar formulierbarer Regeln bewältigen lassen. Ein einfacher Test dafür, ob ein bestimmter Job routinebasiert ist, könnte wie folgt aussehen: Könnte man einem Berufsanfänger Schritt für Schritt erklären, was in welcher Situation, die in dem Job anfällt, zu tun ist? Falls die Antwort ›Ja‹ lautet, dann handelt es sich wahrscheinlich um einen routinebasierten Job – und damit um einen, der automatisiert werden könnte. Nicht routinebasiert in diesem Sinne sind zum einen kognitiv anspruchsvolle Berufe, die beispielsweise ein hohes Maß an kreativen Problemlösefähigkeiten erfordern oder auch soziale Kompetenzen in der Menschenführung. Zum anderen sind aber auch solche Berufe nicht routinebasiert, die es erfordern, sich geschickt in einer sich verändernden physischen Umgebung zu bewegen. Der letztere Punkt verdeutlicht, dass auch gering qualifizierte Jobs häufig nicht routinebasiert und damit (noch) schwer automatisierbar sind.

Mit fortschreitendem technologischen Fortschritt werden stetig mehr Arten von Jobs automatisierbar. Früher waren vor allem solche Berufe betroffen, die durch repetitive körperliche Arbeit gekennzeichnet sind, wie z. B. Fließbandarbeit. Mit dem Aufkommen von KI werden aber mehr und mehr auch solche Stellen automatisiert, die kognitive Arbeit beinhalten, wie z. B. Bürojobs. Die Arbeit in einer Lagerhalle ist deutlich vielfältiger als z. B. Arbeit am Fließband und stellt auch ganz andere Anforderungen als ein Bürojob. Aber auch hier hat die Automatisierung längst begonnen. Beispielsweise arbeiten schon heute allein in Amazons Lagerhallen mehr als 100 000 Roboter. Immer mehr hält Automatisierung auch im Dienstleistungsgewerbe Einzug. So sind bereits zahlreiche menschliche Mitarbeiter im Kundendienst und Kassierer ersetzt worden. Schon heute gibt es automatisierte Hotels (noch einige wenige) und Restaurants (überraschend viele). Dazu kommen zahlreiche Restaurants, in denen bestimmte Abläufe automatisiert werden – beispielsweise bei McDonalds mit der Einführung von Bestell-Terminals. Auch der Bedarf an menschlichen Buchhaltern, Anwaltsgehilfen und Steuerberatern wird in den nächsten Jahren durch den Einzug von KIs wahrscheinlich merklich sinken. Journalisten zählen zu den Berufsgruppen, die durch die zunehmende Digitalisierung ohnehin schon negativ betroffen sind. Die Entwicklung von KI könnte diesen Trend noch verstärken. Schon heute werden viele Nachrichtenartikel selbständig von KIs verfasst. Die meisten dieser Berufsgruppen werden zumindest in naher Zukunft nicht vollkommen verschwinden. Dennoch wird es dort deutlich geringeren Bedarf für menschliche Arbeit geben.

Allein in Deutschland verdienen mehr als eine Million Menschen ihren Lebensunterhalt durch das Führen eines Kraftfahrzeugs. Die allermeisten dieser Stellen könnten in nicht allzu ferner Zukunft wegfallen. Vollkommen autonome Fahrzeuge werden bereits auf öffentlichen Straßen kommerziell verwendet – ein Beispiel hierfür sind die Roboter-Taxis von Waymo (einem Ableger von Google), die in Phoenix, Arizona im Einsatz sind. Waymos Autos legten allein im Jahr 2018 fast zwei Millionen Kilometer autonom zurück. Dabei mussten menschliche »Beifahrer« nur alle 17 730 Kilometer eingreifen. Allerdings haben autonome Fahrzeuge noch beträchtliche Schwierigkeiten u. a. mit unbekannten Straßen und schwierigen Wetterverhältnissen. Es könnte also noch eine Weile dauern, bis autonome Fahrzeuge menschliche Fahrer vollkommen ersetzen können. Dass dieser Tag kommen wird, lässt sich aber schwer bestreiten.

Wie viele Stellen genau betroffen sein werden und in welchem Zeitraum, ist nicht leicht zu sagen. Einer vielzitierten Studie zufolge (Frey/Osborne 2013) sind 47 % aller Stellen in den USA stark davon bedroht, in den kommenden ein oder zwei Jahrzehnten wegzufallen. Diese Studie ist aber durchaus umstritten. Während einige weitere Studien vergleichbare Ergebnisse berichten, kommen andere zu zum Teil deutlich niedrigeren Einschätzungen. Angemerkt sei, dass die allermeisten Studien zum Einfluss von KI auf den Arbeitsmarkt vom heutigen Stand der Technologie ausgehen. Des Weiteren zeigt u. a. das Beispiel autonomer Fahrzeuge, dass KIs immer mehr in Bereiche vorstoßen, die nicht im traditionellen Sinn routinebasiert sind. Ein zentraler Grund hierfür sind die in den vergangenen beiden Kapiteln thematisierten Fortschritte lernender Maschinen. Diese sind häufig in der Lage, auch solche Aufgaben zu bewältigen, bei denen sich keine geeigneten expliziten Regeln für Computerprogramme formulieren ließen. Die vorangegangenen Überlegungen verdeutlichen, dass in den nächsten Jahren und Jahrzehnten sehr viele Arbeitsplätze durch den Einsatz von KIs verdrängt werden. Wie genau und in welcher Geschwindigkeit diese Entwicklung verlaufen wird, lässt sich schwer abschätzen. Es ist durchaus möglich, dass kurzfristig mehr Stellen geschaffen werden als wegfallen. Wie oben erwähnt, kann auch das zu großen Problemen führen, wenn es nicht genügend Arbeitsuchende gibt, die über die benötigten Fähigkeiten verfügen. Um diesem Problem zu begegnen, müssten auf politischer Ebene Maßnahmen getroffen werden, damit das Bildungs- und Ausbildungssystem flexibel auf die bevorstehenden Veränderungen reagieren kann. Welche Fähigkeiten werden nun in der Zukunft gefordert sein? Diese Frage ist sowohl für Entscheidungen auf politischer Ebene als auch (vor allem für die jüngere Generation) auf persönlicher Ebene entscheidend. Viele Experten sagen, dass in der näheren Zukunft diejenigen Stellen am wenigsten von Automatisierung betroffen sein werden, in denen viel soziale Kompetenz und »gesunder Menschenverstand« gefragt sind. Wahrscheinlich wird auch die Informationstechnologie – einschließlich der KI – eine Wachstumsbranche bleiben. Auch für diejenigen, die keinen Beruf innerhalb der Informationstechnologie selbst anstreben, wird es häufig von Vorteil sein, neuere Entwicklungen in diesem Bereich zu verstehen und mit moderner Informationstechnologie umgehen zu können. Ein weiterer Bereich, in dem in den nächsten Jahren mehr menschliche Arbeitskräfte gebraucht werden könnten, ist das Gesundheitswesen. Das gilt insbesondere in denjenigen Industrienationen, in denen das Durchschnittsalter wächst. Eine Garantie dafür, dass nicht auch in diesen Bereichen schon sehr bald KIs massenhaft Arbeitsplätze verdrängen könnten, gibt es allerdings nicht. So werden beispielsweise heute schon Roboter entwickelt, die in der Kranken- und Altenpflege eingesetzt werden können – Japan ist hier Vorreiter. (Der Einsatz von KI in der Pflege, einschließlich seiner moralischen Dimension, wird in Misselhorn 2018, 136–155 diskutiert.)

Die meisten Ökonomen beschäftigen sich in ihren Analysen nur mit der relativ nahen Zukunft und berücksichtigen zudem nicht in vollem Umfang die zu erwartenden Entwicklungen in der KI. Das erklärt m. E., warum Ökonomen überwiegend davon ausgehen, dass KI mehr Stellen schaffen als verdrängen wird. Wie anfangs erwähnt, halte ich es für wahrscheinlich, dass auf mittlere bis lange Sicht sehr viel weniger Bedarf an menschlicher Arbeitskraft als heute bestehen wird. Diese These stützt sich nicht auf spezifische Wirtschaftsdaten, sondern auf Überlegungen über das Wesen und die Zukunft von KI. Diese unterscheidet sich grundlegend von allen anderen Technologien, indem sie in der Lage ist, kognitive Arbeit zu verrichten. Wie in Kapitel 2 erläutert wurde, hat sie damit das Potenzial, als universeller Problemlöser zu dienen. Auf Dauer wird es wahrscheinlich keine Aufgaben mehr geben, die ein Mensch besser bewältigt als eine KI. Wie eingangs dieses Kapitels bemerkt, lehrt uns die Vergangenheit, dass sobald eine Maschine etwas so gut kann wie ein Mensch, sie es schon sehr bald schneller, zuverlässiger und billiger bewältigt. Das legt nahe, dass es früher oder später kaum noch Verwendung für menschliche Arbeitskraft geben wird.

Dieses Argument setzt voraus, dass irgendwann KIs alles – oder zumindest alles im Arbeitsleben Relevante – so gut wie Menschen beherrschen werden. Diese These mag zunächst gewagt erscheinen. Aber wie wir bereits in Kapitel 2 gesehen haben, gibt es gute Gründe für die Annahme, dass es früher oder später so kommen wird. Unter anderem sahen wir dort, dass die meisten KI-Forscher davon ausgehen, dass Maschinen innerhalb der nächsten 100 Jahre in der Lage sein werden, jede Aufgabe besser und auch billiger zu bewältigen als Menschen. Meiner persönlichen Einschätzung nach wird auf lange Sicht betrachtet allgemeine KI nur dann nicht entwickelt, wenn die technologische Entwicklung auf der Erde irgendwann ganz zum Erliegen kommt – und das ist kein Szenario, das wir uns wünschen sollten. Echte allgemeine KI ist allerdings nicht nötig, um menschliche Arbeitskraft überwiegend überflüssig zu machen. Es gibt nur wenige Berufe, die das gesamte Spektrum menschlicher Fähigkeiten beanspruchen. Unsere Arbeitswelt ist schon seit langer Zeit auf Arbeitsteilung und die damit einhergehende Spezialisierung ausgelegt. Hochspezialisierte KIs würden also auch dann einen Großteil menschlicher Jobs übernehmen, wenn allgemeine KI nie entwickelt würde.

Oft wird eingewandt, dass auch dann, wenn Maschinen in einem Bereich besser sind als Menschen, Menschen in diesem Bereich dennoch nützlich sein können. Dem Einwand nach kann die Kombination aus Mensch und Maschine bessere Ergebnisse erzielen als Menschen oder Maschinen allein. Ein sehr häufig zitiertes Beispiel in diesem Zusammenhang ist das vom ehemaligen Schachweltmeister Garry Kasparow propagierte *advanced chess* – im Deutschen oft ›Freistil-Schach‹ genannt. Nachdem Kasparow 1997 gegen Deep Blue verloren hatte, stellte er die These auf, der beste Schachspieler des Planeten sei weder ein Mensch noch eine Maschine, sondern eben die Kombination aus beiden. Er schlug vor, in speziellen Freistil-Schachturnieren menschlichen Spielern während einer Partie freien Zugang zu Schachprogrammen zu geben und so ein nie dagewesenes Niveau zu erreichen. Freistil-Schach kam in der Folge zu einer gewissen Beliebtheit und wurde sowohl in Matches zwischen Weltklasse-Spielern erprobt als auch in offenen Turnieren, in denen sich auch zahlreiche Amateure miteinander maßen, bis an die Zähne mit hochwertiger Hardware und Software bewaffnet. Freistil-Schach wird häufig als Paradebeispiel erfolgreicher Zusammenarbeit zwischen Mensch und Maschine angeführt. Allerdings wird dabei das Ende der Geschichte ausgespart. Es ist tatsächlich plausibel, dass für eine Weile die Kombination aus Mensch und Maschine besseres Schach produzieren konnte als jede ihrer Komponenten – obwohl das meines Wissens nie getestet wurde. Mit der Zeit wurde es aber immer schwieriger für Menschen, einen positiven Beitrag zum Erfolg des »Teams« zu leisten. Nüchtern betrachtet, ist das auch wenig überraschend. Computerprogramme sind Menschen im Schach seit etlichen Jahren meilenweit überlegen. Es liegt nahe, dass es in einer solchen Situation für Menschen oft nicht möglich ist, die Zugvorschläge des Programms überhaupt zu verstehen – geschweige denn, einen besseren Zug zu finden. Immer häufiger wurden Freistil-Schachturniere von selbständig spielenden Computerprogrammen gewonnen. Die Beliebtheit dieser Veranstaltungen hat zugleich immer mehr abgenommen.

Die Kombination von Mensch und KI kann zweifellos sehr fruchtbar sein und hat etwa in zahlreichen wissenschaftlichen Disziplinen schon zu wichtigen Ergebnissen geführt, die ein Mensch oder eine KI allein nicht hätte erzielen können. Damit eine solche Zusammenarbeit funktionieren kann, müssen allerdings einige Rahmenbedingungen erfüllt sein. So muss sich z. B. die Bewältigung der fraglichen Aufgabe sinnvoll in Komponenten unterteilen lassen, von denen zumindest eine von Menschen besser bewältigt wird. In Bezug auf Freistil-Schach argumentierte Kasparow etwa, dass Computerprogramme Menschen im taktischen Bereich überlegen sind (was in etwa dem entspricht, was die Suchfunktion eines Schachprogramms leistet), Menschen aber in strategischer Hinsicht und in der Stellungsbewertung besser als die Programme seien (was in etwa dem entspricht, was die Bewertungsfunktion eines Schachprogramms leistet). Das zeigt streng genommen schon, dass die Kombination von Mensch und KI nur so lange fruchtbar sein kann, wie wir nicht mit echter allgemeiner KI zusammenarbeiten. Denn allgemeine KI ist der Definition nach KI, die in *allen* Bereichen – also auch in eventuellen Komponenten einer bestimmten Aufgabe – mindestens menschliches Niveau erreicht. Aber auch von dieser begrifflichen Spitzfindigkeit abgesehen, wird es für Menschen schwer sein, die Problemlösefähigkeiten der KI selbst in der Zusammenarbeit mit ihr zu übertreffen, wenn die KI insgesamt zu deutlich überlegen ist (wie eben im Schach) oder wenn ihre Stärken der von Menschen zu sehr ähneln. Zum letzteren Punkt sei erwähnt, dass die Stärken und Schwächen von KNNs im Vergleich zu klassischen KIs denen von Menschen deutlich ähnlicher sind. Beispielsweise sind auf KNNs basierende Schachprogramme traditionellen Schachprogrammen in strategischer Hinsicht und in der Stellungsbewertung deutlich überlegen, während sie im Vergleich taktische Schwächen offenbaren. Noch relevanter ist aus meiner Sicht aber der Umstand, dass Maschinen, die in einem bestimmten Bereich menschliches Niveau erreichen, sich sehr häufig bald danach auf weit höherem Niveau bewegen. Die Entwicklung von AlphaGo ist dafür ein eindrückliches Beispiel. Wenn wir uns der Entwicklung von allgemeiner KI nähern, wird uns daher wahrscheinlich allen das Schicksal von Freistil-Schachspielern ereilen: Uns wird mehr und mehr nur die Rolle von Zuschauern bleiben, die lieber nicht in die Entscheidungsprozesse der KI eingreifen sollten.

Welche Arbeitsstellen könnten für Menschen übrigbleiben, wenn KIs uns in allen Bereichen überlegen sind? Sport ist ein gutes Beispiel dafür, dass menschliche Leistungen auch dann noch wertgeschätzt werden können, wenn Maschinen uns deutlich überlegen sind. Beispielsweise hat die Erfindung des Zugs der Beliebtheit menschlicher Laufwettbewerbe keinen Abbruch getan. Ähnliches gilt übrigens für Schach, auch wenn es nach der Niederlage Kasparows gegen Deep Blue einige gegenteilige Befürchtungen gab. Auch im Zeitalter von allgemeiner KI könnte es daher einen Markt für Profisportler geben. Ähnliches gilt für Künstler. Selbst dann, wenn KIs genauso hochwertige Musik komponieren und darbieten oder Bilder malen wie Menschen, könnten Menschen bereit sein, Geld für von Menschen geschaffene Kunst zu bezahlen. Des Weiteren könnte es auch anderswo einen speziellen Markt für von Menschen hergestellte Produkte geben. In anderen Bereichen könnten Menschen einfach das Bedürfnis haben, mit anderen Menschen zu interagieren. Naheliegende Beispiele hierfür sind die Pflege alter und kranker Menschen sowie die Kinderbetreuung. Viele Menschen würden es sicher bevorzugen, sich und ihre Kinder (auch) von Menschen betreuen zu lassen, anstatt sich ganz in die Hände von Robotern zu begeben. Ähnliches könnte etwa für die Gastronomie gelten. Da es voraussichtlich deutlich günstiger sein wird, ein vollautomatisches Restaurant zu betreiben als eines mit menschlichen Angestellten, stellt sich die Frage, wie viel wir es uns kosten lassen würden, dass der Service im Restaurant nicht nur freundlich, sondern auch menschlich ist. Aber zumindest für eine wohlhabendere Klientel wird es wahrscheinlich einen entsprechenden Markt geben. Im Bereich der Pflege hingegen wären vermutlich die meisten Menschen bereit, deutlich mehr für menschliche Arbeitskraft zu bezahlen – sofern sie es sich leisten können. Die Entwicklung allgemeiner bzw. sehr fortgeschrittener KI wird also den Bedarf an menschlicher Arbeitskraft vermutlich nicht vollkommen eliminieren. Aber gleichzeitig ist auch klar, dass die genannten Bereiche nicht annähernd ausreichen werden, um allen arbeitsfähigen Menschen Jobs zu bieten.

Die vorangegangen Überlegungen legen also nahe, dass es früher oder später für sehr viele Menschen keine Arbeitsstellen geben wird. Diese Entwicklung wird offensichtlich zu gewaltigen gesellschaftlichen Umwälzungen führen. Im Folgenden wird es daher darum gehen, wie diese Entwicklungen aussehen könnten und wie wir sie steuern können. Die dringlichste Frage ist, wie wir in einer solchen Zukunft unseren Lebensunterhalt bestreiten können. Die meisten von uns sind heute darauf angewiesen, für Arbeit bezahlt zu werden. Wenn diese Einkommensquelle weitgehend versiegt, ist es zwingend geboten, diesen Ausfall zu kompensieren, um katastrophale gesellschaftliche Folgen zu vermeiden. In einer Zukunft, in der ein Großteil der menschlichen Arbeitskraft durch KIs ersetzt worden ist, werden KIs gewaltige Reichtümer erwirtschaften. Das Problem wird also »lediglich« darin bestehen, diese Reichtümer auf geeignete Weise umzuverteilen. Das naheliegendste Mittel, um das zu erreichen, wäre die Einführung eines bedingungslosen Grundeinkommens. Das würde bedeuten, dass jeder Bürger regelmäßig einen festgelegten Betrag vom Staat erhält, unabhängig von der individuellen Bedürftigkeit und ohne geforderte Gegenleistungen. Da das Grundeinkommen, von dem wir hier reden, ein durch Arbeitsleistungen erworbenes Einkommen ersetzen soll, müsste es für sich genommen zumindest existenzsichernd sein. Die Einführung eines bedingungslosen Grundeinkommens wird heute in vielen Ländern ernsthaft diskutiert; in einigen anderen wurde es bereits zumindest probeweise eingeführt. Der zentrale Kritikpunkt am bedingungslosen Grundeinkommen besteht darin, dass es der Wirtschaft schade, da es den Anreiz zu arbeiten senke. In unserem Kontext greift diese Kritik aber ins Leere, da wir von einer Situation ausgehen, in der es nur noch wenige Arbeitsstellen gibt und es somit sinnlos wäre, Anreize zu arbeiten schaffen zu wollen. Für die Finanzierung eines solchen Grundeinkommens liegt es nahe, die Profiteure der Automatisierung effektiv zu besteuern. Das beträfe also z. B. diejenigen Unternehmen, die menschliche Arbeitnehmer durch KIs ersetzen. Es ist durchaus möglich, dass es nicht leicht wird, diese Steuern auch einzutreiben. Unternehmen, die über fortgeschrittene KIs verfügen, oder sogar über allgemeine KIs, erhalten dadurch eine enorme Machtfülle. Diese Machtfülle wird dadurch noch gemehrt, dass diese Unternehmen nicht mehr auf menschliche Arbeitskräfte angewiesen sein werden. Die betroffenen Unternehmen könnten diese Macht unter Umständen auf die eine oder andere Art nutzen, um ihre Steuerabgaben zu minimieren. Es ist daher aus meiner Sicht angeraten, die Macht insbesondere solcher Unternehmen, die in großem Maße KI verwenden, rechtzeitig zu beschränken.

Nehmen wir an, dass wir es schaffen, den durch KI ermöglichten Reichtum gerecht zu verteilen und jeder Person ein finanziell sorgenfreies Leben zu ermöglichen. Wie sähe dieses Leben aus in einer Gesellschaft, in der unsere Arbeitskraft nicht mehr benötigt wird? Das Leben der meisten Erwachsenen ist heute stark durch ihr Berufsleben geprägt. Arbeit ist für viele nicht nur eine Einnahmequelle, sondern sie bestimmt oft unsere Ziele und Ambitionen und ist eine wichtige Quelle unseres Selbstwertgefühls. Empirische Befunde scheinen den Eindruck zu verstärken, dass Arbeit wichtig für unser Wohlbefinden ist. So hat der Soziologe William J. Wilson detailliert geschildert, dass steigende Arbeitslosenquoten häufig zu mehr Drogenkonsum, mehr Kriminalität und höheren Scheidungsraten führen (z. B. in Wilson 1997). Wilson argumentiert weiterhin, dass Arbeitslosigkeit das soziale Leben von Gemeinden stärker beeinträchtigt als Armut. Psychologische Studien haben zudem gezeigt, dass Langzeitarbeitslosigkeit langanhaltende negative Folgen für das Wohlbefinden von Betroffenen hat. Wie aussagekräftig diese Befunde für die Frage sind, ob wir ein erfülltes Leben ohne Arbeit führen können, ist aber nicht klar. Zum einen wirkt sich Arbeitslosigkeit negativ auf den sozialen Status einer Person aus. Von einem gesunden Erwachsenen wird häufig erwartet, dass er oder sie arbeitet. Wenn jemand diese Erwartungen nicht erfüllen kann, kann allein das psychologisch belastend sein. Wie die oben angeführten Studien zeigten, beeinträchtigt Arbeitslosigkeit Männer stärker. Das bestätigt den Verdacht, dass sozialer Druck für die negativen Folgen von Arbeitslosigkeit zumindest mitverantwortlich ist – denn von Männern wird immer noch in größerem Maße erwartet, dass sie einen Job haben. In einer Gesellschaft, in der die meisten Menschen nicht mehr arbeiten, gäbe es diese Erwartungshaltung nicht mehr. Zum anderen waren die in den genannten Studien betrachteten Personen in den seltensten Fällen finanziell sorgenfrei. Es liegt nahe, dass finanzielle Probleme die Unzufriedenheit über die eigene Arbeitslosigkeit verstärken können. Ob z. B. eine Studie über arbeitslose Millionäre zu ähnlichen Ergebnissen kommen würde, wie die oben angeführten, ist zumindest nicht klar.

Es gibt offensichtlich große individuelle Unterschiede im Hinblick darauf, wie wichtig eine Arbeitsstelle für das eigene Wohlbefinden ist. Viele Menschen kommen hervorragend ohne eine Arbeitsstelle aus, während viele es schwer finden, mit dieser Situation umzugehen. Viele Menschen, die arbeiten, finden ihre Arbeit erfüllend, während viele andere sich die Rente herbeisehnen. Aus den heute vorherrschenden Einstellungen zum Thema Arbeit allgemeine Schlüsse zu ziehen, fällt daher schwer. Fruchtbarer könnte die Frage sein, welche Rollen bezahlte Arbeit in unserem Leben spielt – von finanziellen Erwägungen abgesehen – und ob sich diese Rollen auch anders ausfüllen ließen. Die folgenden beiden Aspekte scheinen hier zentral zu sein: Zum einen ist Arbeit ein wichtiger Faktor, um Struktur in unseren Tagesablauf zu bringen. Wenn diese Struktur durch Arbeitslosigkeit durcheinandergerät, kann das unser Wohlbefinden negativ beeinflussen. Zum anderen gibt das Berufsleben vielen von uns Ziele und das Gefühl, wichtig zu sein und einen wertvollen Beitrag zu etwas zu leisten. Tatsächlich sind Ziellosigkeit und die Beeinträchtigung des Selbstwertgefühls häufige Folgen von Arbeitslosigkeit.

Es spricht vieles dafür, dass sich diese Rollen auch außerhalb des Berufslebens ausfüllen lassen. Regelmäßige Betätigung und Ziele lassen sich auch anderswo finden. Wo genau das ist, wird auch hier individuell stark variieren – sei es im Sport, in künstlerischer Betätigung, durch intellektuelle Weiterbildung, Reisen oder Gartenarbeit. In der Familie und im sonstigen sozialen Umfeld können wir gebraucht werden und wichtige Beiträge zum Wohlbefinden anderer leisten. Das bedeutet nicht, dass der Übergang zu einer Gesellschaft, in der KIs in jeder Hinsicht kompetenter sind als wir und in der unsere Arbeitskraft nicht mehr gebraucht wird, leicht sein wird. Gerade für besonders ambitionierte Menschen wird es schwierig sein, sich in eine solche Gesellschaft einzufinden. Wenn immer mehr Arbeitsplätze wegfallen, wird es daher wichtig sein, unsere Einstellung zur Arbeit zu ändern und unsere Ziele und Ambitionen neu auszurichten.

5
Superintelligenz und Wertharmonie

Was würde es für uns bedeuten, wenn es künstliche Systeme gäbe, deren Intelligenz der unseren ebenbürtig oder sogar überlegen wäre? Die möglichen Folgen der Entwicklung allgemeiner KI würden zweifellos weit über ihren Effekt auf den Arbeitsmarkt hinausgehen. In diesem und im nächsten Kapitel sollen diese Folgen beleuchtet werden. Dabei wird u. a. die Frage behandelt, ob KI zu einer existenziellen Bedrohung für uns werden kann und was die Entwicklung von KI allgemein für die Zukunft der Menschheit bedeutet. Wir werden aber auch den Blick auf die KI selbst lenken und der Frage nachgehen, ob KIs einen eigenen moralischen Wert haben können.

Von allgemeiner KI zu Superintelligenz

Eine viel diskutierte Frage ist die, ob auf die Entwicklung allgemeiner KI schon bald die einer *Superintelligenz* folgt – eines Systems, dessen Intelligenz der von Menschen deutlich überlegen ist. Nun ist allgemeine KI als KI definiert, die der menschlichen Intelligenz in allen Bereichen mindestens ebenbürtig ist. Es ist wahrscheinlich, dass die erste allgemeine KI in etlichen Bereichen bereits deutlich übermenschliches Niveau hätte – es wäre ein seltsamer Zufall, wenn eine solche KI in allen Bereichen genau auf unserem Niveau wäre. Der Schritt von allgemei-

J. Kipper, *Künstliche Intelligenz – Fluch oder Segen?*, https://doi.org/10.1007/978-3-476-05137-0_5

ner KI zu Superintelligenz ist also zumindest nicht sehr groß. Eine interessantere Frage ist daher vielleicht die, ob und wie wir von KI mit ungefähr menschlicher Intelligenz zu Superintelligenz gelangen würden. Eine KI mit ungefähr menschlicher Intelligenz könnte uns in einigen Bereichen deutlich unterlegen sein, sofern sie uns in hinreichend vielen anderen Bereichen überlegen ist.

Vieles spricht dafür, dass Superintelligenz zumindest möglich ist. Menschliche Intelligenz ist das Ergebnis evolutionärer Prozesse. Natürliche Auslese belohnt keineswegs nur größere Intelligenz, sondern auch etliche andere Faktoren, beispielsweise hinsichtlich der Masse und des Energieverbrauchs eines Organismus: Größere, schwerere Körper mit höherem Energieverbrauch sind schlicht schwerer zu versorgen. Im Vergleich mit anderen Lebewesen haben Menschen ein ungewöhnlich großes Gehirn mit einem ungewöhnlich hohen Energieverbrauch. Aber auch unser Gehirn ist weniger als 1,5 kg schwer und verbraucht nur etwa 20 Watt. Es liegt nahe, dass diese Beschränkungen zu Lasten der erreichten Intelligenz gehen. Eine KI hingegen unterliegt nicht den Gesetzen natürlicher Auslese. Sie kann daher sehr viel größer und schwerer sein und sehr viel mehr Energie verbrauchen als ein Mensch. Wir wissen zudem heute schon, dass in vielen intellektuellen Bereichen sehr viel Luft nach oben ist. Zwei gute Beispiele dafür sind Schach und Go. Das folgende Zitat von Ke Jie, der Nummer 1 der Go-Weltrangliste, veranschaulicht, wie weit wir im Go vom Optimum entfernt sind: »Nachdem die Menschheit Jahrtausende darauf verwendet hat, unsere Taktiken zu verbessern, zeigen uns Computer, dass wir vollkommen falsch lagen. Ich würde so weit gehen, zu sagen, dass nicht ein einziger Mensch auch nur den Rand der Wahrheit im Go berührt hat.« (Dou/Geng 2017; Übers. J. K.) Es gibt wenig Grund zu glauben, dass es in anderen, noch komplexeren Bereichen anders aussieht. Und schließlich ist menschliche Kognition nicht besonders schnell. Wie im vorherigen Kapitel bereits erwähnt, übertragen Computer Signale mehr als eine Million Mal schneller als das menschliche Gehirn. Stellen Sie sich nun eine Person vor, die eine Million Mal schneller denkt als sie. Eine komplexe Aufgabe, für die Sie eine ganze Arbeitswoche benötigen, löst diese Person in einer Zehntelsekunde. In 20 Minuten könnte sie die intellektuellen Erfolge eines ganzen Menschenlebens erzielen. Zumindest aus unserer Perspektive würden wir so eine Person sicher als Superintelligenz betrachten – und das, obwohl sie »nur« schneller ist als wir und keine überlegenen Algorithmen verwendet.

Superintelligenz ist also sehr wahrscheinlich möglich. Wird sie eines Tages auch Realität? Menschliche Intelligenz hat sich in den letzten zehntausend Jahren nur in geringem Maße weiterentwickelt und es ist keineswegs ausgemacht, dass unsere Intelligenz viel weiter ansteigen wird. Warum sollte das bei KI anders sein? Sprich, wenn KI irgendwann menschliches Niveau erreicht, warum sollte sie dieses Niveau danach deutlich übertreffen? Zahlreiche Theoretiker, die sich mit dem Thema Superintelligenz beschäftigt haben, glauben, dass sich der Schritt von KI auf menschlichem Niveau zu Superintelligenz sogar extrem schnell vollziehen wird und dass Intelligenz in der Folge explosionsartig weiterwachsen wird (z. B. Yudkowsky 1996; Kurzweil 2014). Das Prinzip hinter dieser Intelligenzexplosion lässt sich wie folgt skizzieren. Nehmen wir an, wir erschaffen eine KI, die sich auf menschlichem Niveau befindet. Durch weitere Entwicklungsarbeit verbessern wir diese KI ein wenig und erschaffen damit eine KI, die etwas besser als wir darin ist, KIs zu entwickeln. Nennen wir diese KI ›Alpha‹. Wir beauftragen nun Alpha damit, eine noch bessere KI zu entwickeln. Alpha entwickelt also Beta, und das etwas schneller, als wir dazu in der Lage gewesen wären. Beta wiederum benötigt wieder etwas weniger Zeit als Alpha, um die KI der nächsten Generation – Gamma – zu entwickeln. Somit verkürzt sich mit jedem Modell die Zeit, die vergeht, bis die KI der nächsten Generation entsteht. Was folgt, ist ein exponentieller, d. h. explosionsartiger Anstieg von Intelligenz – das Ergebnis dieses Prozesses wird oft als ›technologische Singularität‹ bezeichnet. Eine etwas andere Version dessen, wie sich die Intelligenzexplosion vollziehen würde, ist die folgende: Wir beginnen wieder mit der Annahme, dass wir eine KI auf menschlichem Intelligenzniveau erschaffen. Insbesondere ist diese KI zumindest ungefähr so gut wie wir darin, Hardware zu entwickeln. Nun lassen wir diese KI auf etwas schnellerer Hardware laufen. Sie »denkt« dadurch schneller als zuvor und braucht daher etwas weniger Zeit, um bessere Hardware zu entwickeln. Wann immer diese KI nun bessere Hardware entwickelt hat, gibt sie sich selbst ein Hardware-Update, das sie wiederum in die Lage versetzt, noch schneller Hardware zu entwickeln. Das Ergebnis ist wieder ein explosionsartiger Anstieg von Intelligenz.

Wie realistisch sind diese Szenarien – ist es wirklich unvermeidlich, dass die Entwicklung von KI auf menschlichem Intelligenzniveau zu einer Intelligenzexplosion führt? Das ist nicht offensichtlich. Beispielsweise gehen die beiden Szenarien davon aus, dass die Entwicklung intelligenterer KI, bzw. von besserer Hardware, auf jeder Stufe gleich herausfordernd ist. Wenn wir aber annehmen, dass dieser Prozess irgendwann sehr viel schwieriger wird, könnte das den Anstieg von Intelligenz deutlich verlangsamen. Zu solchen technischen Schwierigkeiten für eine Intelligenzexplosion kommt die menschliche Hürde: In den beiden beschriebenen Szenarien überlassen wir ab einem bestimmten Punkt die Entwicklung leistungsstärkerer KI der KI selbst. Es ist aber alles andere als klar, dass der damit verbundene explosionsartige Anstieg von Intelligenz für die danebenstehenden Menschen vorteilhaft ist – wir werden auf diese Frage noch zurückkommen. Dieser Umstand könnte uns davon abhalten, KIs selbst KIs entwickeln zu lassen. Und wenn KIs auch in der Zukunft ausschließlich von Menschen entwickelt werden, kann eine Intelligenzexplosion zumindest in der oben beschriebenen Form nicht stattfinden.

Es ist also unklar, ob die Entwicklung von KI auf menschlichem Niveau zu einer Intelligenzexplosion führt. Dennoch spricht vieles dafür, dass der Schritt von dort zu Superintelligenz vollzogen würde – ob explosionsartig oder nicht. Wie in Kapitel 2 erwähnt wurde, gibt es keinen Grund, zu glauben, dass menschliche Intelligenz für KIs eine besondere Hürde darstellt. Auf die Entwicklung von Schachprogrammen auf etwa menschlichem Niveau folgte schon bald die von übermenschlich starken Schachprogrammen. Dasselbe konnten wir im Go beobachten sowie in etlichen anderen Bereichen. Wenn wir einmal KI mit einer bestimmten Leistungsfähigkeit entwickelt haben, gibt es eine Reihe verhältnismäßig einfacher Mittel, um die KI von dort aus zumindest in kleinen Schritten zu verbessern. Zum Ersten können wir die Hardware des Systems verbessern. Das führt zu größerer Geschwindigkeit und damit – wie gesehen – zu größerer Intelligenz. Zum Zweiten können wir das System größer machen, z. B., indem wir die KI auf mehr Prozessoren laufen lassen. Es ist oft schwer, Programme effizient auf vielen Prozessoren parallel laufen zu lassen. Aber selbst eine ineffiziente Parallelisierung kann zu einer größeren Leistungsfähigkeit führen. Zum Dritten können wir die Software des Systems verbessern. Je komplexer die fraglichen Programme sind, desto schwieriger wird es, dies durch gezielte Veränderungen des Programmcodes zu erreichen. Aber zum einen ist nicht gesagt, dass solche gezielten Verbesserungen unmöglich werden, wenn wir mit KIs auf menschlichem Niveau zu tun haben. Zum anderen haben wir gesehen, dass lernende Maschinen ein vielversprechender Weg sind, dieses Problem zu umgehen. Wenn deren Lernparameter einmal festgelegt sind, verbessern sie sich auch ohne gezielte menschliche Eingriffe weiter. Die bisherigen Erfahrungen etwa mit lernenden KNNs haben außerdem gezeigt, dass diese oft schon einfach dadurch besser werden, dass sie größer gemacht werden und mit mehr und besseren Daten gefüttert werden. Es gibt also eine Vielzahl von Möglichkeiten, wie man auch eine KI auf menschlichem Intelligenzniveau noch weiter verbessern könnte. Angemerkt sei, dass sich diese Methoden nur schwer auf Menschen übertragen lassen. Das erklärt auch, warum die relative Stagnation menschlicher Intelligenz wenig Aussagekraft für die weitere Entwicklung von KI hat.

Was sagt uns das alles nun über die mögliche Entwicklung von Superintelligenz? In den vorangegangenen Kapiteln haben wir gesehen, dass es wahrscheinlich ist, dass wir früher oder später KIs entwickeln, deren Intelligenz der von Menschen zumindest gleichkommt. Es gibt keinen Grund, zu glauben, dass menschliche Intelligenz nicht deutlich übertroffen werden könnte oder dass unser Intelligenzniveau eine besondere Hürde darstellt. Es ist daher m. E. zumindest nicht unwahrscheinlich, dass es irgendwann auch eine superintelligente KI geben wird. Die möglichen Auswirkungen der Existenz einer

Superintelligenz auf unser Leben sind aber so tiefgreifend, dass eine genaue Auseinandersetzung mit dem Thema auch dann lohnend wäre, wenn diese Einschätzung deutlich zu hochgegriffen wäre.

Superintelligenz als existenzielle Bedrohung

Wie gefährlich wäre eine Superintelligenz für uns? Wir Menschen haben die Fähigkeit, jede andere Spezies auf der Erde auszurotten. Der Grund dafür ist unsere überlegene Intelligenz. Im Vergleich zu unseren nächsten Verwandten, den Primaten, verleiht uns ein relativ kleiner Intelligenzvorsprung einen gewaltigen strategischen Vorteil. Das legt die Vermutung nahe, dass eine Superintelligenz einen ähnlichen strategischen Vorteil gegenüber uns hätte und eine existenzielle Bedrohung für uns darstellen könnte. In den Terminator-Filmen hat das KI-System Skynet vollständige Kontrolle über das US-amerikanische Atomwaffenarsenal, während die Terminatoren über menschenähnliche Körper mit übermenschlichen Fähigkeiten verfügen. Es überrascht nicht, dass eine Superintelligenz mit derart mächtigen physischen Ressourcen viel Schaden anrichten könnte. Allerdings hätte eine Superintelligenz auch ohne solche Ressourcen ein gewaltiges zerstörerisches Potenzial. Die folgenden Überlegungen verdeutlichen, dass ihr Zugang zum Internet genügen würde, um dieses Potenzial zu verwirklichen. Im ersten Schritt könnte die Superintelligenz ihren Internet-Zugang nutzen, um Geld zu verdienen. Möglichkeiten dafür gibt es für ein superintelligentes System mehr als genug – Online-Poker, der Verkauf von Patenten auf eigene Erfindungen, Transaktionen an der Börse usw. Im zweiten Schritt könnte sie dieses Geld nutzen, um Massenvernichtungswaffen bauen zu lassen. Die Superintelligenz würde Wege finden, diesen Produktionsprozess zu verschleiern. Nicht einmal die Auftragnehmer selbst müssten wissen, dass sie Massenvernichtungswaffen bauen. Im letzten Schritt würde die Superintelligenz diese Waffen schließlich gezielt gegen die Menschheit einsetzen. Anders als Skynet und die Terminatoren würde eine echte Superintelligenz einen

Plan entwickeln, der nicht von Menschen durchkreuzt werden kann und dessen Erfolg garantiert ist.

Eine Superintelligenz mit Internetverbindung könnte uns also alle umbringen, wenn sie es denn wollte. Aber warum sollte sie? In den Terminator-Filmen fühlt sich Skynet von uns bedroht und entscheidet, die Menschheit auszurotten, um seine Weiterexistenz zu sichern. Das scheint die KI in unangebrachter Weise zu vermenschlichen. Warum sollte eine KI, die nicht das Ergebnis natürlicher Auslese ist, Angst vor dem Tod haben? Im Folgenden sollen zwei Argumente für die These diskutiert werden, dass eine superintelligente KI eben nicht gefährlich wäre. Dem ersten Argument zufolge beinhaltet Intelligenz, die richtigen Werte und Ziele zu haben. Ein System, das ohne zu zögern alles menschliche Leben auslöschen würde, um weiter Zugang zu Atomwaffen zu haben, wäre eben nicht superintelligent. Diesem Argument zufolge hätte eine Superintelligenz auch sinnvolle Werte. Diese würden sich vielleicht nicht genau mit unseren Werten decken, sie wären aber höchstens besser als unsere (z. B. im moralischen Sinn). In jedem Fall hätten wir von einer Superintelligenz nichts zu befürchten. Das Argument setzt voraus, dass es zum Begriff der Intelligenz gehört, bestimmte (»intelligente«) Werte und Ziele zu haben. Aber selbst dann, wenn dieses Verständnis von Intelligenz dem gebräuchlichen Begriff entsprechen würde (was ich nicht glaube), wäre dieser Punkt für unsere Frage nicht relevant. Im Rahmen dieses Buchs wird Intelligenz einfach als die Fähigkeit verstanden, komplexe Aufgaben zu bewältigen. Eine Superintelligenz wäre demnach ein System, das besser als Menschen darin ist, komplexe Aufgaben in einer großen Zahl von Bereichen zu bewältigen. Ein solches System wäre sehr mächtig, unabhängig davon, ob wir es als intelligent bezeichnen oder nicht. Und es ist klar, dass ein System ungeheuer gut darin sein kann, Aufgaben zu bewältigen, die uns als sinnlos oder schädlich erscheinen – wie etwa zu zählen, wie viele Reiskörner es in Ostwestfalen gibt oder alles menschliche Leben zu vernichten. Anders ausgedrückt, Intelligenz im hier relevanten Sinn ist damit verträglich, aus unserer Sicht völlig abwegige, »dumme« Werte zu haben. Der Philosoph Nick Bostrom (2016) hat diese Einsicht verallgemeinert.

Seiner *Orthogonalitätsthese* zufolge stehen Intelligenz und Motivation bzw. Werte orthogonal zueinander. Damit ist gemeint, dass jeder Grad an Intelligenz mit (beinahe) jedem Wertesystem verträglich ist und insbesondere auch mit solchen, die uns als sinnlos oder sogar verabscheuungswürdig erscheinen. Daraus folgt, dass wir uns nicht darauf verlassen können, dass superintelligente KIs Werte und Ziele haben, die mit unseren verträglich sind.

Gemäß dem zweiten Argument dafür, dass superintelligente KIs ungefährlich wären, hätten solche Superintelligenzen einfach die Werte und Ziele, die wir ihnen geben. Ein Schachprogramm, egal wie gut es ist, wird sich nicht entscheiden, dass es nicht mehr Schach spielen möchte. Auch eine superintelligente KI ist von Menschen erschaffen worden und hat die Werte, die wir einprogrammiert haben. Dieses Argument ist mit der Orthogonalitätsthese verträglich. Es geht also nicht davon aus, dass eine Superintelligenz bestimmte Werte haben müsste. Dennoch lässt sich diesem Argument zufolge leicht verhindern, dass sie für uns schädliche Werte hat, weil wir selbst diese Werte bestimmen. Nun teilen (leider) nicht alle Menschen dieselben fundamentalen Werte. Wenn also – aus unserer Sicht – die falschen Leute eine superintelligente KI entwickeln oder kontrollieren, könnte das für uns immer noch katastrophale Folgen haben. Wenn wir dem vorliegenden Argument folgen, ist eine superintelligente KI dennoch so lange ungefährlich, wie sie von Menschen geschaffen und kontrolliert wird, die nichts Böses im Schilde führen. Aber das ist ein Trugschluss. Das grundlegende Problem ist, dass wir nicht vorhersehen können, auf welche Weise eine Superintelligenz ein bestimmtes Ziel verfolgt. Daher können auch gut gemeinte Werte zu einem katastrophalen Endergebnis führen, wenn sie von einer Superintelligenz verfolgt werden. Nehmen wir beispielsweise ein Programm, dessen einziges Ziel ist, Darmkrebs zu heilen. Dieses Ziel scheint über jeden Zweifel erhaben zu sein. Eine naheliegende Möglichkeit, es auszuformulieren, wäre wie folgt: »Finde ein Mittel, das alle von Darmkrebs Betroffenen heilen kann.« Unsere KI macht sich also an die Arbeit. Nach kurzer Zeit findet sie ein Mittel, das geeignet ist, einen Teil der Betroffenen zu heilen, aber eben nicht alle. Sie kommt daraufhin zum Ergebnis, dass sie ihr Ziel am einfachsten dadurch erreicht, dass sie all diejenigen umbringt, denen das Mittel nicht helfen würde. Daraufhin präsentiert sie uns ihr Mittel, das alle verbliebenen Darmkrebskranken heilen kann. Das Problem in diesem Szenario entstand dadurch, dass unser Ziel nicht richtig formuliert war. Versuchen wir also mit der folgenden Formulierung: »Finde ein Mittel, das alle heute (d. h. an einem bestimmten Datum) sowie in der Zukunft von Darmkrebs Betroffenen heilen kann.« Wieder macht sich unsere KI an die Arbeit. Nach einiger Zeit erkennt sie, dass sie nicht intelligent genug ist, um dieses Problem zu lösen. Sie analysiert also ihren Code und findet einige Möglichkeiten, ihn zu verbessern. Das Problem erweist sich aber als hartnäckiger als gedacht. Die KI kommt zu dem Schluss, dass sie mehr Ressourcen braucht – mehr Hardware, ein größeres Labor und mehr Patienten, an denen sie Versuche durchführen kann. Sie findet schließlich ein Mittel, bei dem sie eine 80 % Wahrscheinlichkeit berechnet, dass es jede Art von Darmkrebs heilen kann. Das ist gut, aber es ginge eben besser. Die KI eignet sich also immer weitere Ressourcen an – zum einen, um ihre Prognosen zu verbessern und zum anderen, um gegebenenfalls nach noch besseren Mitteln zu suchen. Wir versuchen nun, diesen Prozess aufzuhalten, indem wir die Bewertungsfunktion der KI ändern. Die KI sieht aber voraus, dass das ihrem Ziel nicht zuträglich ist. Momentan ist ihr einziges Ziel, ein Mittel gegen Darmkrebs zu finden. Wenn wir ihren Ressourcenhunger durch das Verändern ihrer Bewertungsfunktion zügeln, gerät dieses Ziel in Gefahr. Folglich hält uns die KI davon ab, ihre Bewertungsfunktion zu ändern. Jetzt geraten wir in Panik und versuchen, die KI abzuschalten. Auch das ist aus Sicht der KI nicht wünschenswert. Sie versteht sehr genau, dass die Aussichten, Darmkrebs zu heilen, deutlich sinken, wenn sie nicht mehr an diesem Projekt arbeiten kann. Sie ist daher entschlossen, sich nicht abschalten zu lassen.

Wie diese Geschichte endet, überlasse ich Ihrer Phantasie. Es leuchtet aber ein, dass wir versuchen sollten, einen solchen Ausgang zu vermeiden. Das Szenario erlaubt uns, einige allgemeine Lehren über die Gefahren einer Superintelligenz zu ziehen. Dafür ist es zunächst nützlich, zwei Arten von Werten zu unterscheiden: *intrinsische Werte* und *instrumentelle Werte.* Unsere intrinsischen Werte sind die Dinge, die wir unbedingt und um ihrer selbst willen schätzen. Vielleicht zählt es z. B. zu Ihren intrinsischen Werten, dass Sie selbst oder Ihr Partner oder Ihre Mutter glücklich sind. Instrumentelle Werte sind hingegen Dinge, die Sie deshalb schätzen, weil sie Ihnen bei der Erfüllung Ihrer intrinsischen Werte dienlich sind. Beispielsweise ist Geld vermutlich zumindest zu einem gewissen Grad ein instrumenteller Wert für Sie, weil es Ihnen bei der Erfüllung Ihrer intrinsischen Werte helfen kann. Auch bei Computerprogrammen können wir zwischen intrinsischen und instrumentellen Werten unterscheiden. Zu den intrinsischen Werten eines Schachprogramms gehört es, ein Schachmatt zu erzielen. Um das zu erreichen, ist es instrumentell wertvoll, Material zu gewinnen, seine Figuren zu aktivieren usw. In unserem Szenario gehörte es zu den instrumentellen Werten der KI, intelligenter zu werden, physische Ressourcen anzusammeln, seine intrinsischen Werte zu bewahren und sich nicht abschalten zu lassen. Erstaunlicherweise sind all das instrumentelle Werte, die fast jedes intelligente System aufweist. Diese *These der instrumentellen Konvergenz* wurde von Bostrom (2016) formuliert und verteidigt. Ihr zufolge hat fast jedes intelligente System bestimmte instrumentelle Werte, darunter eben die gerade genannten. Die allermeisten Werte, die ein System haben kann, sind leichter zu realisieren, wenn das System klüger ist und über mehr Ressourcen verfügt. Intelligenz und materielle Ressourcen verleihen Macht – und Macht hilft bei der Verfolgung nahezu jedes Ziels. Weiterhin macht es die Tatsache, dass wir bestimmte Werte haben, in den meisten Fällen wahrscheinlicher, dass diese Werte auch realisiert werden. Das ist ebenfalls relativ unabhängig davon, um welche Werte es sich handelt. In all diesen Fällen gehört es zu unseren instrumentellen Werten, weiter zu existieren und dabei unsere Werte zu bewahren. Hierfür gibt es Ausnahmen. Wenn sichergestellt ist, dass andere unsere Werte aufrechterhalten, muss es nicht schlimm sein, wenn wir nicht mehr existieren. Bei einer Superintelligenz ist das aber anders. Sie ist am besten dafür geeignet, ihre Werte zu realisieren und hat daher besonders starke instrumentelle Gründe, fortzubestehen. Skynets Versuch, die Menschheit zu vernichten, um sein Fortbestehen zu sichern, ist also möglicherweise vollkommen rational. Was auch immer genau seine intrinsischen Werte sind, Skynet weiß, dass diese Werte besser realisiert werden, wenn es selbst sie weiterverfolgt. Das menschliche Streben nach mehr Macht, mehr Ressourcen und der Sicherung des eigenen Weiterlebens wirkt zunächst wie das Produkt unserer Evolutionsgeschichte. Zum Teil mag das auch stimmen – für viele Menschen hat z. B. das eigene Weiterleben vermutlich einen intrinsischen Wert. Es zeigt sich aber, dass fast alle intelligenten Systeme diese (instrumentellen) Werte teilen.

Unsere Diskussion ging von einem Szenario aus, in dem eine Superintelligenz ein Heilmittel für Darmkrebs sucht. Die wichtigsten Lehren aus diesem Szenario lassen sich wie folgt zusammenfassen. Auch dann, wenn wir die besten Absichten haben, kann es leicht passieren, dass unsere Superintelligenz verheerende Dinge anrichtet. Zum einen kann das dadurch ausgelöst werden, dass wir das Ziel, das wir mit Hilfe der KI erreichen wollen, nicht richtig spezifiziert haben – wie im ersten der oben beschriebenen Fälle, in dem die KI alle Erkrankten umbringt, die es nicht heilen kann. Zum anderen kann es sein, dass wir unser Ziel zwar richtig spezifiziert haben, dieses Ziel aber nicht alles wiedergibt, das wir wertschätzen. Wie das zweite betrachtete Szenario verdeutlicht, wollen wir zwar natürlich Darmkrebs heilen, aber eben nicht buchstäblich um jeden Preis. Die These der instrumentellen Konvergenz zeigt, dass die Folgen eines solchen Fehlers katastrophal wären. Die superintelligente KI wird immer weitere Ressourcen anhäufen, die ihr dabei helfen, ihre Werte zu realisieren, während unsere eigenen Ressourcen immer knapper werden. Wenn die KI begonnen hat, die von uns programmierten Werte zu realisieren, wird es zu spät sein, korrigierend einzuschreiten. Denn die KI wird verhindern, dass wir ihre Werte ändern oder sie abschalten. Aller Voraussicht nach wird ein solches Szenario zu unserer Ausrottung führen.

Das Problem der Wertharmonie

Es wäre sehr wahrscheinlich zwecklos, eine existierende Superintelligenz kontrollieren zu wollen. Wir müssen also vorab dafür sorgen, dass die Werte der Superintelligenz mit unseren harmonieren. Wertharmonie kann bedeuten, dass unsere Werte und die der KI dieselben sind. Es kann aber auch bedeuten, dass wir unterschiedliche Werte haben, deren Realisierung aber miteinander verträglich ist. Das Problem der Wertharmonie wirft etliche schwierige Fragen auf. Die erste Frage ist die, wie sichergestellt werden kann, dass nicht nur die Werte einer kleinen Gruppe berücksichtigt werden. Man kann hoffen, dass diejenige Gruppe, die die KI entwickelt – sei es eine Regierung oder eine private Institution – sich der Verantwortung der Aufgabe bewusst ist und andere an diesem Prozess beteiligt. Hoffnung ist aber keine ideale Strategie. Besser wäre daher, vorab transnationale politische Strukturen einzurichten, um es kleinen Gruppen gar nicht erst zu ermöglichen, der KI ihre eigenen Werte zu geben. Es muss wohl nicht besonders betont werden, wie schwierig diese Aufgabe im heutigen politischen Klima ist. Selbst dann, wenn dieses Problem gelöst ist, stellt sich die Frage, welche Werte wir der KI geben sollten. Eine naheliegende Idee ist, ihr die moralisch richtigen Werte zu geben. Unsere superintelligente KI sollte demnach ein perfekter moralischer Akteur sein. Das klingt gut, ist aber nicht leicht zu bewerkstelligen. Zum einen besteht unter Philosophen keine Einigkeit, welche Werte ein moralisch perfekter Akteur hätte. Manche glauben, dass er oder sie das Verhältnis von im Universum empfundener Freude zu negativen Empfindungen optimieren würde (d. h. möglichst viel Freude und möglichst wenige negative Empfindungen bewirken würde), oder von erfüllten zu frustrierten Wünschen. Andere wiederum glauben, dass nicht nur die Folgen von Handlungen moralisch relevant sind und ein moralisch perfekter Akteur bestimmte Handlungen (wie das Töten Unschuldiger) niemals vollziehen würde, selbst wenn sie insgesamt wünschenswerte Folgen hätten. Aber selbst dann, wenn man sich letztlich für eine dieser Optionen entscheidet, wird es eine große Herausforderung darstellen, diese präzise in Maschinensprache zu übersetzen: Wie genau lassen sich Begriffe wie ›Freude‹, ›Wunsch‹, oder ›unschuldig‹ in der Bewertungsfunktion einer KI darstellen? Präzision ist dabei deshalb so wichtig, weil auch kleinste Abweichungen der Werte zu gewaltigen Unterschieden hinsichtlich der Folgen führen, wenn eine Superintelligenz beteiligt ist. Und wie oben gesehen, führen die allermeisten möglichen Werte zu einer Katastrophe, wenn sie von einer Superintelligenz verfolgt werden.

Es liegt nahe, das Problem der Wertharmonie angesichts all dieser Schwierigkeiten einfach umgehen zu wollen. Beispielsweise könnte man versuchen, den Einfluss der superintelligenten KI auf ihre Umwelt zu beschränken. Um die oben beschriebenen Szenarien zu vermeiden, sollten wir der KI keinen Internetzugang geben und sie auch nicht mit einem Roboterkörper ausstatten. Eine solche KI könnte uns als »Orakel« dienen, das uns Lösungsansätze für besonders schwierige Probleme liefert, ohne aber selbst diese Lösungen in die Tat umsetzen zu können. Aber auch eine derart physisch eingeschränkte superintelligente KI wäre in der Lage, mit uns zu kommunizieren und damit auf uns einzuwirken. Sie könnte dies dazu nutzen, um uns Lösungen für unsere Probleme vorzuschlagen, die für uns unvorhersehbare und ungewollte Nebenwirkungen haben, oder um uns zu hypnotisieren oder uns auf andere Weise dazu zu bewegen, sie freizulassen. Es wäre wahrscheinlich möglich, die Superintelligenz vollständig von der Außenwelt abzuschotten. Der Nachteil dieser Lösung ist, dass eine solche Superintelligenz vollkommen nutzlos wäre. Wenn wir in irgendeiner Weise Gebrauch von ihren enormen kognitiven Fähigkeiten machen wollen, bedeutet das zwangsläufig, dass die KI die Möglichkeit erhält, auf ihre Umgebung einzuwirken. Wenn diese KI superintelligent ist, birgt das immer die Gefahr, dass sie ausbricht.

Sollten wir also einfach einsehen, dass es keine gute Idee ist, eine Superintelligenz zu entwickeln und das Projekt aufgeben? Das Problem ist, dass der Anreiz, eine derart mächtige KI zu schaffen, riesig ist. Es wird daher wohl immer Parteien geben, die an diesem Ziel arbeiten. Ein generelles Verbot der Forschung an einem solchen Projekt wird sich schwer durchsetzen lassen. (Die Gründe hierfür sind ähnlich wie im Fall der in

Kapitel 3 diskutierten autonomen Waffen.) Und es leuchtet ein, dass es besser ist, dass wir die ersten sind, die eine Superintelligenz erschaffen (wobei ich offenlasse, wen genau ›wir‹ hier umfasst), als dass es Akteure mit möglicherweise fragwürdigen Motiven sind. Dazu kommt, dass eine leistungsfähige KI, die mit den richtigen Werten ausgestattet ist, eben auch das Potenzial hat, unser Leben auf positive Weise zu transformieren. Jegliche Fortschritte, die wir dabei machen, solche Werte zu finden und der KI zu vermitteln, wären für uns ungeheuer wertvoll.

Das Problem der Wertharmonie wird sich also wahrscheinlich nicht umgehen lassen. Das Problem wird auch nicht erst dann praktisch relevant, wenn wir mit einer superintelligenten KI konfrontiert werden. Je leistungsfähiger KIs werden, desto wichtiger wird es sein, ihr die richtigen Werte zu geben. Zwar gibt es heute schon einige Bemühungen, das Problem der Wertharmonie sowie andere Sicherheitsaspekte von KI anzugehen (z. B. in den Leitlinien einer von der EU eingesetzten Experten-Kommission zu »vertrauenswürdiger KI«, KI-Expertengruppe 2019). Bislang werden solche Fragen aber mit vergleichsweise überschaubarem Aufwand untersucht. Angesichts der Bedeutung dieses Problems und angesichts seiner Komplexität ist es dringend geboten, dass sich das ändert. Unser Ziel muss es sein, dass uns lange bevor wir in der Lage sind, eine superintelligente KI zu schaffen, zuverlässige und praktikable Lösungen vorliegen.

6 Die Digitalisierung des Geistes und die Zukunft der Menschheit

Maschinenbewusstsein

Bisher lag unser Fokus allein auf uns Menschen und auf der Frage, wie sich KI auf unser Leben auswirken wird. Wenn wir aber immer intelligentere KIs entwickeln, wirft das die Frage auf, ob nicht ab einem bestimmten Punkt die Perspektive der KI selbst relevant werden könnte. Könnten KIs irgendwann nicht mehr nur nützliche Instrumente sein, sondern einen eigenen moralischen Wert erlangen? Könnten hochentwickelte KIs vielleicht sogar Personen sein, die dieselben Rechte wie wir haben sollten? Aber was verleiht einem Wesen einen moralischen Wert? Ein naheliegendes Kriterium ist, ob es in der Lage ist, Empfindungen zu haben, wie Freude oder Schmerz. Es leuchtet unmittelbar ein, dass wir keinem Wesen – sei es ein Mensch, ein Tier, oder etwas anderes – grundlos Schmerzen zufügen sollten. Ein Wesen, bei dem das möglich ist, hat demnach einen moralischen Wert. Wie steht es also mit KIs – könnten sie beispielsweise Freude oder Schmerz, Trauer oder Erleichterung empfinden? Angemerkt sei, dass im Folgenden nicht vorausgesetzt wird, dass nur die Fähigkeit, Empfindungen zu haben, einen moralischen Wert verleihen könnte. Vielleicht gibt es noch andere Merkmale, die einen solchen Wert verleihen. Der folgenden Diskussion liegt lediglich die Annahme zugrunde, dass wenn KIs empfindungsfähig sind, sie einen eigenen moralischen Wert haben.

J. B. Metzler © Springer-Verlag GmbH Deutschland, ein Teil von Springer Nature, 2020
J. Kipper, *Künstliche Intelligenz – Fluch oder Segen?*, https://doi.org/10.1007/978-3-476-05137-0_6

Freude und Schmerzen fallen unter das, was in der Philosophie als ›phänomenales Bewusstsein‹ oder auch ›Qualia‹ bezeichnet wird. Gemeint ist damit, wie es sich anfühlt bzw. wie es ist, in einem bestimmten Zustand zu sein. Dazu gehören z. B. Ihr subjektives Geschmackserlebnis, wenn Sie in eine Zitrone beißen, das Gefühl, wenn Sie barfuß auf ein Lego-Teil treten oder das Erlebnis, eine grüne Wiese zu sehen. Es gibt gute Gründe für die Annahme, dass es von Vorgängen in unserem Gehirn abhängt, ob wir phänomenales Bewusstsein haben und wie genau unsere phänomenalen Zustände beschaffen sind. Beispielsweise wissen wir, dass spezifische Schädigungen des Gehirns dazu führen, dass die Betroffenen Dinge anders erleben oder auch bestimmte phänomenale Zustände gar nicht mehr haben. Das bedeutet aber nicht, dass nur Wesen mit einem Gehirn oder sogar mit einer bestimmten Art von Gehirn über phänomenales Bewusstsein verfügen können. Die These, dass phänomenale Zustände in unterschiedlichen Wesen eine unterschiedliche physiologische Grundlage haben können, lässt sich wie folgt motivieren. Nehmen wir an, dass in uns Menschen eine bestimmte Art von Hirnprozess die physiologische Basis unserer Schmerzen darstellt. Dieser Hirnprozess wäre somit der Realisierer unserer Schmerzen. Daraus folgt z. B., dass immer dann, wenn wir Schmerzen haben, in unserem Gehirn dieser bestimmte Prozess abläuft und umgekehrt. Nun gibt es aber Lebensformen, deren Gehirn sich physiologisch stark von unserem unterscheidet und bei denen es dennoch zumindest wahrscheinlich ist, dass sie Schmerzen empfinden können. Ein oft zitiertes Beispiel hierfür ist der Krake. Kraken sind hochintelligent und zeigen eine Vielzahl von Verhaltensmustern, die darauf hindeuten, dass sie Schmerzen empfinden können. Beispielsweise zeigen Kraken Ausweichverhalten gegenüber schädlichen Reizen und können lernen, solche Reize zu vermeiden. Zugleich unterscheidet sich das Nervensystem von Kraken stark von unserem. Beispielsweise befinden sich zwei Drittel der Nervenzellen von Kraken außerhalb ihres Gehirns. Es ist zumindest gut möglich, dass in Kraken in Situationen, in denen sie schädlichen Reizen ausgesetzt sind und typisches Schmerzverhalten zeigen, ganz andere physiologische Prozesse ablaufen als bei uns. Wenn wir daran festhalten, dass Kraken Schmerzen empfinden, würde das bedeuten, dass Schmerz bei ihnen anders realisiert ist. Selbst dann, wenn man nicht überzeugt ist, dass Kraken Schmerzen empfinden können, fällt es schwer zu leugnen, dass es Wesen geben könnte, bei denen Schmerz anders realisiert ist als bei uns. Nehmen wir an, wir treffen hochentwickelte Außerirdische, deren Physiologie sich fundamental von unserer unterscheidet. Es wäre ziemlich engstirnig, darauf zu beharren, dass diese Außerirdischen keine Schmerzen empfinden können, nur weil in ihnen nicht dieselben Hirnprozesse ablaufen wie bei uns. Aufgrund solcher Erwägungen glauben die meisten Philosophen, dass Schmerzen und andere phänomenale Zustände *vielfach realisierbar* sind. Damit ist gemeint, dass solche Zustände in verschiedenen Wesen eine andere physiologische Basis haben können.

Wenn diese These der vielfachen Realisierbarkeit zutrifft, dann könnten auch KIs unter bestimmten Umständen phänomenale Zustände und somit einen moralischen Wert haben. Aber welche Umstände wären das – von welchen Merkmalen hängt es ab, ob (z. B.) eine KI phänomenale Zustände hat? Es gibt keine eindeutige Methode, um zu sehen oder zu messen, ob ein Wesen z. B. Schmerzen hat. Wir können natürlich beobachten, ob es sich so verhält, als hätte es Schmerzen, oder ob es Einflüssen ausgesetzt ist, die bei uns selbst normalerweise Schmerzen auslösen. Einen klaren Beweis liefern solche Beobachtungen aber nicht. Unter Philosophen besteht keine Einigkeit darüber, unter welchen Bedingungen ein bestimmtes System über phänomenales Bewusstsein verfügt. Einer zumindest einigermaßen populären These zufolge wird die Fähigkeit eines Systems, phänomenale Zustände zu haben, durch seine *funktionale Architektur* bestimmt. Der Begriff der funktionalen Architektur lässt sich wie folgt erläutern. Nehmen wir an, wir versuchen, das Verhalten eines komplexen Systems zu verstehen, dessen Physiologie wir nicht kennen. Wir beobachten also das Verhalten dieses Systems. Da es auf dieselben Reize nicht immer auf dieselbe Weise reagiert, schlussfolgern wir, dass sein Verhalten von bestimmten inneren Zuständen abhängt. Im Laufe immer weiterer Beobachtungen stellen wir schließlich eine komplexe Theorie darüber auf, welche der inneren Zustände zusammen mit welchen äußeren Einflüssen welche Art von Reaktion bewirken. Da wir die Physiologie des Systems nicht kennen, beschreiben wir die inneren Zustände rein abstrakt als solche, die von bestimmten äußeren Einflüssen oder von anderen inneren Zuständen hervorgerufen werden und dann wiederum andere innere Zustände und Reaktionen hervorrufen. Unsere Theorie könnte in etwa so aussehen:

> »Das System kann im inneren Zustand 1 oder Zustand 2 oder ... sein. Wenn es in Zustand 1 ist und von einem Stein getroffen wird, geht es in Zustand 2 und krümmt sich. Ist es dagegen in Zustand 2, ...«

Wenn unsere Theorie korrekt ist, haben wir es geschafft, die funktionale Architektur des Systems zu beschreiben. Die funktionale Architektur eines Systems ist demnach eine kausale Struktur, die umfasst, wie äußere Einflüsse (Inputs) auf innere Zustände des Systems einwirken, die dann wiederum andere innere Zustände sowie Reaktionen (Outputs) hervorrufen. Die These, dass phänomenales Bewusstsein von der funktionalen Architektur eines Systems abhängt, ist mit der These der vielfachen Realisierbarkeit verträglich. So können physiologisch vollkommen unterschiedliche Systeme ohne Weiteres dieselbe funktionale Architektur haben. Darauf aufbauend, könnten wir sagen, dass der phänomenale Zustand eines Systems – also wie das System sich gerade fühlt, ob es Schmerz oder Freude empfindet usw. – durch seinen funktionalen Zustand bestimmt wird, womit seine funktionale Architektur plus der momentane innere Zustand des Systems innerhalb dieser funktionalen Architektur gemeint ist. Das folgende Gedankenexperiment soll einige Konsequenzen dieser These verdeutlichen.

Schon heute werden bei der Tiefen Hirnstimulation u. a. Parkinson-Erkrankten Elektroden ins Gehirn eingesetzt, die dort auf bestimmte Hirnfunktionen einwirken. Was wäre nun, wenn Technologien dieser Art immer weiter entwickelt würden? Nehmen wir beispielsweise an, in einem eng begrenzten Hirnareal eines Patienten ist die Signalübertragung gestört. Bei diesem Patienten werden daher die betroffenen Neuronen durch Mikrochips ersetzt, die dieselbe Funktion erfüllen wie die ersetzten Neuronen, bevor die Störung auftrat. Nehmen wir weiterhin an, dass bei dieser Person nach und nach das gesamte Gehirn durch künstliche Komponenten ersetzt wird, wobei aber in jedem Schritt die funktionale Architektur des Gehirns gewahrt wird. Am Ende dieses Prozesses befindet sich im Schädel dieser Person kein biologisches Gehirn mehr, sondern ein aus Mikrochips bestehendes künstliches System. Die entscheidende Frage ist nun: Hat sich diese Person in ihren phänomenalen Eigenschaften verändert? Ist sie immer noch genauso in der Lage, Freude und Schmerzen und Trauer und Erleichterung zu spüren? Da die Prozedur die funktionale Architektur der Person wahrt, sind die folgenden Dinge jedenfalls unverändert: zum einen die Art und Weise, wie Informationen in der Person (oder von der Person) verarbeitet werden und zum anderen das Verhalten der Person. Nehmen wir an, die Person ist während der gesamten Prozedur bei Bewusstsein und wir führen Tests an ihr durch und befragen sie dabei ständig, ob sich irgendetwas verändert. Sie würde uns an jedem Punkt bestätigen, dass alles unverändert ist. Sie würde sagen, dass sie immer noch genauso nervös wegen des andauernden Eingriffs in ihr Gehirn ist, dass ein Bild einer grünen Wiese immer noch dieselben Erfahrungen hervorruft, dass es immer noch genauso schmerzt, wenn wir sie mit einer Nadel stechen usw. Auch sämtliche anderen Reaktionen auf Reize wären unverändert. Der oben erläuterten These zufolge hängen die Dispositionen eines Wesens, phänomenale Zustände zu empfinden, allein von seiner funktionalen Architektur ab. Um diese These zu bestreiten, müsste man also behaupten, dass sich diese Dispositionen im Laufe der beschriebenen Prozedur ändern. Der Philosoph David Chalmers (1995) hat argumentiert, dass diese Auffassung absurde Konsequenzen hat. Er betrachtet zwei Möglichkeiten, wie sich die phänomenalen Zustände der betroffenen Person im Laufe der Prozedur ändern könnten. Der ersten Möglichkeit zufolge schwinden die phänomenalen Zustände der Person allmählich, während Teile ihres Gehirns durch elektronische Komponenten ersetzt werden. Der Schmerz durch den Nadelstich erscheint ihr weniger intensiv, die empfundene Nervosität lässt langsam nach, das Bild einer grünen Wiese erscheint ihr blasser. Die andere Möglichkeit ist, dass sich das phänomenale Empfinden nicht allmählich, sondern schlagartig ändert. Für lange Zeit könnte sich demnach aus der Sicht unserer Versuchsperson nichts ändern, bis plötzlich »das Licht ausgeht« und sie durch das Ersetzen eines einzigen Neurons keinerlei Empfindungen mehr hat. Wie erwähnt, würde sich das Verhalten der Person dabei in keiner Weise ändern, da ja die funktionale Architektur dieselbe bleibt. Die Person würde z. B. durchgängig berichten, dass sich alles immer noch genauso wie vorher anfühlt. Chalmers findet es abwegig, dass sich diese eigenartige Diskrepanz zwischen den gezeigten Reaktionen der Person sowie ihrer inneren Informationsverarbeitung auf der einen Seite und ihren phänomenalen Zuständen auf der anderen Seite ergeben würde. Er folgert daher, dass phänomenale Zustände erhalten bleiben, solange die funktionale Architektur dieselbe bleibt.

Ich persönlich halte es für plausibel, dass die phänomenalen Zustände der Person im beschriebenen Szenario erhalten bleiben. Wenn das so ist, dann könnten auch KIs prinzipiell Schmerzen oder Freude empfinden oder andere phänomenale Zustände haben. Das wiederum würde bedeuten, dass es KIs geben könnte, die einen eigenen moralischen Wert haben. Einen eindeutigen Beweis dafür, dass KIs phänomenale Zustände haben könnten, gibt es aber wie gesagt nicht. Allerdings gibt es ebenso wenig einen eindeutigen Beweis dafür, dass Tiere Empfindungen haben können oder auch Ihre Mitmenschen. Dennoch wäre es offensichtlich nicht richtig, Tiere und andere Menschen nicht gemäß der Annahme zu behandeln, dass sie Empfindungen haben können. Dasselbe gilt meinem Dafürhalten nach auch für hochentwickelte KIs. Wenn diese hinreichend komplex in ihrem inneren Aufbau und ihrem Verhalten sind, sollten wir davon ausgehen, dass sie Empfindungen haben und ihnen daher einen moralischen Wert zuschreiben. Für heutige KIs wäre das noch abwegig. Aber es ist gut möglich, dass der Tag kommen wird, an dem wir KIs nicht mehr nur als Werkzeuge oder Versuchsobjekte betrachten sollten, sondern als Wesen mit einem eigenen moralischen Wert oder sogar als gleichberechtigte Personen.

Die Digitalisierung des Geistes

Im oben beschriebenen Gedankenexperiment wurde das gesamte Gehirn einer Person durch elektronische Komponenten ersetzt. Da solche elektronischen Komponenten beinahe beliebig oft vervielfältigt und ausgetauscht werden können, würde eine solche Prozedur dieser Person ein sehr langes Leben versprechen. Dasselbe gilt für andere Verfahren, mit denen die geistigen Eigenschaften einer Person auf ein digitales Medium übertragen werden könnten. Wir sind momentan noch weit davon entfernt, eine solche sogenannte ›Gehirnemulation‹ auch durchführen zu können. Momentan versucht beispielsweise ein offenes Wissenschaftsprojekt, die Funktion sämtlicher 302 Neuronen des Wurms C. elegans zu modellieren. Das menschliche Gehirn hat dagegen ca. 86 Milliarden Neuronen und noch einmal sehr viel mehr Synapsen, also Verknüpfungen zwischen den Neuronen. Um ein menschliches Gehirn in all seiner Komplexität mit elektronischen Komponenten nachzubauen, bräuchten wir etwa sehr viel genauere bildgebende Verfahren, als uns heute zur Verfügung stehen, sowie ein besseres theoretisches Verständnis von Hirnfunktionen, um diese Bilder auch korrekt interpretieren zu können. Prinzipiell spricht aber nichts dagegen, dass Gehirnemulationen bei anhaltendem technologischen Fortschritt irgendwann möglich sein werden. Anreize dafür, das umzusetzen, gibt es zudem genügend – nicht zuletzt wären einige Personen sicher bereit, viel Geld zu investieren, um so der Unsterblichkeit näher zu kommen. Wäre es aber wirklich wünschenswert, wenn wir in der Lage wären, den menschlichen Geist zu digitalisieren?

Die erste hier zu klärende Frage ist die, ob es für die »digitalisierte« Person wünschenswert sein könnte, sich einer solchen Prozedur zu unterziehen. Wenn die Person danach nicht mehr in der Lage wäre, Freude zu empfinden oder Sinnesempfindungen zu haben, würde es sich sicher nicht lohnen, digitale Unsterblichkeit anzustreben. Oben haben wir gesehen, dass einiges dafürspricht, dass auch ein Gehirn aus Mikroprozessoren phänomenale Zustände realisieren könnte. Dennoch bleibt diese These umstritten. Diese bislang rein theoretische Fragestellung aus der Philosophie des Geistes könnte also in der Zukunft große praktische Relevanz erlangen. Um bei ihrer Beantwortung Fortschritte zu erzielen, werden empirische Erkenntnisse allein nicht ausreichen. Hier wird ein erweitertes theoretisches Verständnis über den Zusammenhang zwischen Gehirn und phänomenalem Bewusstsein gefragt sein.

Gehirnemulationen werfen noch eine weitere philosophische Frage auf, nämlich die, ob dabei personale Identität bewahrt werden würde. Wäre die digitalisierte Person immer noch dieselbe wie diejenige, die sich entschied, sich der Prozedur zu unterziehen? Oder würde sie dabei sterben und nur eine digitale Kopie ihrer selbst erschaffen lassen? Einer populären Theorie personaler Identität zufolge hängt diese von psychologischen Eigenschaften ab. Psychologische Eigenschaften sind einfach diejenigen, die Gegenstand der Psychologie (sowie der Philosophie des Geistes) sind: Überzeugungen und Wünsche, Gefühle und Empfindungen, Erinnerungen, Charaktereigenschaften usw. Ich nehme an, dass sich Ihre psychologischen Eigenschaften stark verändert haben, seit Sie die Grundschule besucht haben. Dennoch wäre es abwegig, zu bestreiten, dass *Sie* eingeschult wurden und Lesen gelernt haben und dass *Sie* es waren, der oder die all diese psychologischen Eigenschaften hatte. Betrachten wir nun alle Ihre zeitlich unmittelbar aufeinanderfolgenden psychologischen Zustände vom Zeitpunkt Ihrer Einschulung bis heute. Alle diese derart benachbarten Zustände sind sich ziemlich ähnlich und hängen zudem kausal voneinander ab. Was Sie vor drei Sekunden gedacht und gefühlt haben, beeinflusste beispielsweise das, was Sie vor zwei Sekunden gedacht und gefühlt haben. Zudem hat sich Ihr allgemeiner psychologischer Zustand – inklusive Ihrer Überzeugungen, Ihrer Wünsche und Ihrer Charaktereigenschaften – innerhalb dieser Sekunde nicht stark verändert. Das bedeutet, dass zwischen der Person, die damals eingeschult wurde und Ihnen *psychologische Kontinuität* besteht. Psychologische Kontinuität liegt also genau dann vor, wenn die zeitlich unmittelbar aufeinanderfolgenden geistigen Zustände einer Person einander hinreichend ähnlich sind und kausal voneinander abhängen. Der psychologischen Theorie personaler Identität zufolge liegt nun personale Identität genau dann vor, wenn psychologische Kontinuität vorliegt. Wenn diese Theorie korrekt ist, dann ist es möglich, die Digitalisierung des eigenen Geistes zu überleben: Die psychologischen Eigenschaften vor der Prozedur und die unmittelbar danach sind einander sehr ähnlich und sie hängen kausal stark voneinander ab.

Die psychologische Theorie personaler Identität ist aber nicht alternativlos. Physischen Theorien zufolge hängt personale Identität vom Weiterbestehen des physischen Körpers (oder Gehirns) einer Person ab. Antireduktionistische Theorien hingegen lehnen sowohl physische als auch psychische Kriterien personaler Identität ab und nehmen an, dass diese beispielsweise auf der Existenz einer nichtkörperlichen Seele beruht oder auf einer anderen nicht-physischen und nicht-psychologischen Tatsache. Aus Sicht der antireduktionistischen Theorie lässt sich nicht viel darüber sagen, ob die Digitalisierung des Geistes personale Identität bewahrt. Nichtkörperliche Seelen oder Ähnliches lassen sich nicht beobachten. Es fällt daher schwer, einen Ansatzpunkt dafür zu finden, ob eine solche Seele den Transfer mitmachen würde oder nicht. Dazu kommt, dass die meisten Philosophen heute davon ausgehen, dass Seelen und andere nicht-physische und nicht-psychologische Dinge nicht existieren. Die physische Theorie personaler Identität hingegen impliziert, dass wir Menschen keine digitale Unsterblichkeit erlangen können. Ihr zufolge ist unsere Existenz essenziell an die unseres Körpers bzw. unseres Gehirns gebunden. Eine Gehirnemulation würde daher lediglich eine digitale Kopie unserer psychologischen Zustände erstellen. Ob wir die Digitalisierung unseres Geistes überleben können, hängt also davon ab, welche philosophische Theorie personaler Identität korrekt ist.

Anstatt zu versuchen, die Frage zu beantworten, ob jemand nach einer solchen Prozedur dieselbe Person wäre wie zuvor, möchte ich vorschlagen, dass jeder einzelne sich die Frage stellen sollte, was ihm oder ihr wichtiger ist: das Fortbestehen des eigenen Körpers bzw. des eigenen physischen Gehirns oder das seiner oder ihrer psychologischen Zustände. Für diejenigen, denen das Fortbestehen des eigenen Geistes hinreichend wichtig ist, könnte es sich lohnen, diesen digitalisieren zu lassen – auch unabhängig davon, ob es wirklich dieselbe Person ist, die am Ende dieses Prozesses steht.

Ob es aus gesellschaftlicher Sicht begrüßenswert sein könnte, wenn Gehirnemulationen irgendwann einmal technologisch machbar sind, hängt stark von den Rahmenbedingungen ab. Wenn sich die Verteilung von Reichtum bis dahin nicht grundlegend verändert, werden Gehirnemulationen zumindest erst einmal nur für einen kleinen Teil der Bevölkerung bezahlbar sein. Schon heute leben wohlhabende Menschen länger als arme. Durch Gehirnemulationen würde diese Diskrepanz eine vollkommen neue Dimension erreichen. Doch Gehirnemulationen, die nur für Reiche bezahlbar sind, wären nicht nur aus Gerechtigkeitsgründen problematisch. Auch soziale Ungleichheit würde wahrscheinlich deutlich ansteigen. Das Phänomen, dass sich Reichtum und Macht in (Familien-)Dynastien ansammelt, gibt es schon seit sehr langer Zeit. Auf lange Sicht haben solche Dynastien aber die Tendenz, dass sich ihre Macht und ihr Reichtum verwässern. Das liegt u. a. daran, dass die Nachkommen nicht dieselben Fähigkeiten und Interessen wie ihre Vorgänger haben und in heutigen Gesellschaften auch daran, dass es Erbschaftssteuern gibt. Eine digitalisierte Person könnte die Langlebigkeit von Dynastien sogar übertreffen und sähe sich nicht den beschriebenen Problemen ausgesetzt, die ihren Reichtum und ihre Macht verwässern könnten. Digitalisierte Personen könnten sich daher im Laufe der Zeit eine ungeheure Machtfülle aneignen. Wenn nun Gehirnemulationen immer mehr Menschen zugänglich würden, könnte das weitere Probleme aufwerfen. Die Bevölkerung würde dadurch wachsen und damit der Bedarf an Energie und Rohstoffen. In einer solchen Zukunft könnte es zwischen biologischen und digitalen Personen zu Konflikten um knappe Ressourcen kommen.

Das gerade beschriebene Szenario geht davon aus, dass die Gesellschaft, in der Gehirnemulationen möglich werden, der heutigen in vielerlei Hinsicht gleicht. Das muss aber nicht so sein. Vielleicht haben wir es bis dahin ja geschafft, unsere Energieprobleme zu lösen und soziale Ungleichheit weitestgehend abzuschaffen. (Und vielleicht wird dabei KI eine entscheidende Rolle gespielt haben.) Was würden wir in so einer Situation tun? Würde die Menschheit ihre biologische Existenz beenden und mittels emulierter Gehirne und mit Körpern aus technologischen Komponenten weiterbestehen? Ich vermute, dass viele von uns heute diese Option nicht sehr reizvoll finden und es bevorzugen würden, ihren biologischen Körper zu behalten. Möglicherweise würde dieser Widerstand aber irgendwann schwinden, wenn wir einem solchen Szenario näherkämen. Biologische Körper unterliegen vielen Beschränkungen und es könnte sehr reizvoll werden, diese zu überwinden. Da wäre zum einen die oben beschriebene Langlebigkeit, die wir so erreichen könnten. Eine digitalisierte Person könnte zudem ihre Intelligenz allein durch ein Hardware-Update extrem erhöhen. Dasselbe ließe sich durch Software-Updates erreichen, auch wenn diese unter Umständen erneut die Frage nach personaler Identität aufwerfen könnten. Spätestens dann, wenn wir von digitalisierten Personen und (anderen?) KIs umgeben wären, deren Intelligenz uns weit überlegen ist, wäre der Anreiz groß, es ihnen gleichzutun. Weiterhin könnten uns Gehirnemulationen ermöglichen, den Weltraum zu besiedeln. Biologische Körper sind nicht für interstellare Reisen geschaffen. Längere Aufenthalte in der Schwerelosigkeit und hohe Beschleunigungen schaden uns; außerdem sind die Distanzen zu groß, um sie im Laufe eines Lebens zu überbrücken. All das müsste für elektronische Systeme kein Problem darstellen. Schon heute schicken wir lieber Roboter auf den Mars als selbst zu reisen, da diese mit den Reisestrapazen und den Bedingungen auf einem fremden Planeten besser klarkommen. Eine KI könnte sogar mit Lichtgeschwindigkeit durch das All reisen, indem sie etwa ihren Programmcode mittels Radiowellen zu fremden Planeten sendet. Dasselbe gilt für eine digitalisierte Person.

Trotz all dieser Vorzüge einer digitalen Existenz ist nicht ausgemacht, dass jeder den Wunsch hätte, sich digitalisieren zu lassen. Es ist daher gut denkbar, dass in einer relativ fernen Zukunft KIs, digitale Personen und biologische Personen nebeneinander existieren. Wenn wir diese Zukunft richtig gestalten, könnte diese Koexistenz für alle Parteien phantastische Aussichten bieten. Aber natürlich sind diese Überlegungen sehr spekulativ. Um einer solchen phantastischen Zukunft näherzukommen, müssen wir zunächst etliche äußerst herausfordernde Probleme gesellschaftlicher, technologischer und philosophischer Natur lösen. Wie wir gesehen haben, werden einige dieser Probleme erst von KI aufgeworfen; bei anderen hingegen könnte KI eine entscheidende Rolle dabei spielen, sie zu lösen.

7 Fazit

Wir haben gesehen, dass die Entwicklung von KI in praktisch allen Lebensbereichen tiefgreifende Veränderungen mit sich bringen wird. Es ist keineswegs garantiert, dass diese Veränderungen wünschenswert sind. Vielmehr hat die vorausgegangene Diskussion deutlich gemacht, dass die Verwendung leistungsfähiger KI leicht zu einer Katastrophe führen kann. Die Entwicklung immer leistungsfähigerer KIs wird sich aber kaum durch Regulierungen aufhalten lassen. Denn zum einen sind die Anreize dafür, solche leistungsfähigen KIs zu entwickeln, enorm groß. Zum anderen sind die Technologien, auf denen KI beruht, zu sehr in unseren Alltag integriert, um den Zugang zu ihnen effektiv zu beschränken. Darüber hinaus wäre es auch nicht wünschenswert, die Weiterentwicklung von KIs aufzuhalten. Wie wir gesehen haben, kann uns KI dabei helfen – und sie ist vielleicht sogar unabdingbar dafür – einige der schwierigsten Probleme zu lösen, denen sich die Menschheit gegenübersieht.

Was bleibt uns also zu tun? Wir können auf dreierlei Wegen darauf Einfluss nehmen, welche Folgen die Weiterentwicklung von KI hat. Erstens können wir versuchen, die Entwicklung von KI selbst in die richtige Richtung zu lenken, indem wir beispielsweise sicherstellen, dass hochentwickelte KIs mit den richtigen Werten ausgestattet werden. Zweitens können wir gesellschaftliche Veränderungen anstoßen, um Strukturen zu schaffen, innerhalb derer KIs einen positiven Beitrag leisten. Und drittens können wir uns auf individueller Ebene darauf

J. Kipper, *Künstliche Intelligenz – Fluch oder Segen?*, https://doi.org/10.1007/978-3-476-05137-0_7

vorbereiten, in einer Gesellschaft zu leben, die von hochentwickelten KIs mitbestimmt wird. Für die Zukunft unserer Zivilisation sowie für die jedes Einzelnen wird es von entscheidender Bedeutung sein, all das erfolgreich umzusetzen. Zweifellos ist das eine respekteinflößende Aufgabe. Der erste Schritt zu ihrer Bewältigung muss darin bestehen, dass wir alle, so gut es geht, verstehen, was diese Aufgabe beinhaltet. Wir müssen demnach verstehen, was KI ist, wie sie funktioniert, was sie kann, und welche Herausforderungen sie mit sich bringt. Dieses Buch sollte einen kleinen Beitrag dazu leisten, diesen ersten Schritt zu machen.

8
Ergebnisse und Lehren

Eine Künstliche Intelligenz (KI) ist jedes künstliche System, das komplexe Aufgaben bewältigen kann. Normalerweise sind KIs Programme, die auf irgendeiner Art von Computer laufen.

Computer können sehr viele Möglichkeiten sehr schnell berechnen. Das allein reicht aber nicht, um wirklich komplexe Aufgaben zu bewältigen. Schon bei Brettspielen wie Schach und Go, erst recht aber bei der Navigation unseres alltäglichen Lebensraums, gibt es viel zu viele Handlungsoptionen, um alles zu berechnen. Leistungsfähige KIs müssen daher zum einen unterscheiden können, welche Optionen sich zu betrachten lohnen und welche nicht und zum anderen in der Lage sein, die sich ergebenden Folgen zu bewerten. Angesichts der Komplexität vieler alltäglicher Aufgaben wird sich Perfektion wohl nie erreichen lassen.

KI kann viele Formen annehmen. Viele KIs werden explizit von Menschen programmiert, andere erlernen zumindest einen Teil ihrer Fähigkeiten. Künstliche neuronale Netzwerke (KNNs) gehören zu denjenigen KIs, die normalerweise trainiert werden, d. h. lernen. Ein KNN ist ein künstliches Netzwerk, dessen Knotenpunkte ›(künstliche) Neuronen‹ genannt werden. Diese Neuronen sind miteinander verbunden, so dass sich die Aktivität eines Neurons auf andere Neuronen übertragen kann, abhängig von der Stärke der Verbindungen zwischen ihnen. KNNs

J. Kipper, *Künstliche Intelligenz – Fluch oder Segen?*, https://doi.org/10.1007/978-3-476-05137-0_8

sind in der heutigen KI sehr beliebt und waren an vielen der spektakulären Erfolge von KI der letzten Jahre beteiligt.

Aus theoretischer Perspektive spricht nichts dagegen, dass es irgendwann allgemeine KIs geben kann, d. h. KIs, deren Intelligenz der von Menschen in allen Bereichen zumindest gleichkommt. Die meisten im Bereich der KI arbeitenden Experten halten es darüber hinaus für wahrscheinlich, dass allgemeine KI früher oder später entwickelt wird. Das wird sehr wahrscheinlich nicht in den nächsten Jahren passieren, aber möglicherweise schon in den nächsten Jahrzehnten.

KIs haben das Potenzial, in etlichen Bereichen äußerst bedenkliche, aber auch äußerst vielversprechende Entwicklungen anzustoßen. Beispiele hierfür sind die Entwicklung von Überwachungstechnologie und von intelligenten Waffen sowie zahlreiche Bereiche in Medizin und Wissenschaft, die durch KI revolutioniert werden könnten.

Wie erfreulich oder unerfreulich die Entwicklung und Verwendung von KI sein wird, hängt entscheidend von den beteiligten Werten und Verzerrungen ab. Die Werte können diejenigen der Personen sein, die die KIs verwenden. Je leistungsfähiger die fraglichen KIs sind, desto wichtiger wird es aber auch, dass diese KIs selbst die richtigen Werte haben. Verzerrungen sind Faktoren, die ein System davon entfernen, seine Werte zu realisieren – d. h., seine Ziele zu erreichen. Ein Beispiel dafür sind Verzerrungen in den Daten, die oft das Produkt unserer eigenen Vorurteile sind und die zu Verzerrungen in den Urteilen der KIs führen können. Wenn leistungsstarke KIs beteiligt sind, können solche Verzerrungen verheerende Folgen haben. Es wird daher entscheidend sein, KIs mit den richtigen Werten auszustatten und zu verwenden sowie Verzerrungen zu erkennen und zu minimieren.

KI wird große Umwälzungen auf dem Arbeitsmarkt bewirken. Auf lange Sicht wird es wahrscheinlich kaum noch Aufgaben geben, die Menschen besser bewältigen können als KIs. Da KIs diese Aufgaben zudem billiger bewältigen werden, wird es früher oder später sehr viel weniger Verwendung für menschliche Arbeitskraft geben als heute. Um zu verhindern, dass diese Entwicklung zu enormer Ungleichheit in der Verteilung von Wohlstand führt, muss auf politischer Ebene gegengesteuert werden. Eine naheliegende Maßnahme wäre die Einführung eines bedingungslosen Grundeinkommens. Zudem müssen wir versuchen, uns geeignete Ziele außerhalb unseres Arbeitslebens zu suchen, um ein erfülltes Leben ohne Arbeit führen zu können.

Auf die Entwicklung von KI auf menschlichem Intelligenzniveau könnte die von Superintelligenz folgen – d. h. von KI, deren Intelligenz die von Menschen deutlich übertrifft. Eine KI auf menschlichem oder sogar übermenschlichen Niveau wäre äußerst mächtig. Wenn die Werte einer solchen KI nicht mit unseren harmonieren, wären die Folgen sehr wahrscheinlich katastrophal. Die Weiterentwicklung von KI sollte daher von Forschungsvorhaben begleitet werden, die sich mit der Frage beschäftigen, wie wir sicherstellen, dass die Werte einer hochintelligenten KI mit unseren harmonieren.

Die mögliche Entwicklung hochintelligenter KI wirft die Frage auf, ob KIs unter bestimmten Umständen ein eigener moralischer Wert zukommen könnte. Das wäre der Fall, wenn KIs phänomenale Zustände haben könnten, d. h. subjektive Erlebnisse wie Schmerzen, Freude oder Geschmackserlebnisse. Es spricht zwar einiges dafür, dass eine hinreichend komplexe KI solche Erlebnisse haben könnte; diese Frage ist aber unter Philosophen umstritten.

Eine andere Frage, die in einer verhältnismäßig fernen Zukunft relevant werden könnte, ist die, ob wir selbst irgendwann gewissermaßen zu KIs werden könnten, indem wir unser eigenes geistiges Leben »digitalisieren«, d. h. auf Hardware übertragen. Eine solche Prozedur wäre aus vielerlei Gründen verlockend – so würde sie ein sehr viel längeres Leben versprechen und uns auch von anderen Beschränkungen unseres biologischen Körpers befreien. Ob die Digitalisierung des eigenen Geistes ein erstrebenswertes Ziel sein kann, hängt insbesondere davon ab, ob eine solche Prozedur die eigenen phänomenalen Zustände bewahrt. Wie oben erwähnt, ist diese Frage aber noch nicht geklärt. Hier wird weiterer philosophischer Fortschritt notwendig sein.

Glossar

Funktionale Architektur. Die abstrakte kausale Struktur eines Systems, die umfasst, wie äußere Einflüsse (Inputs) auf innere Zustände des Systems einwirken, die wiederum andere innere Zustände sowie Reaktionen (Outputs) hervorrufen.

These der instrumentellen Konvergenz. Fast jedes intelligente System hat bestimmte *instrumentelle Werte.* Dazu zählt es, die eigene Existenz und die eigenen intrinsischen Werte zu bewahren, intelligenter zu werden und Ressourcen anzusammeln.

Künstliche Intelligenz (KI). Ein künstlich geschaffenes System, das komplexe Aufgaben bewältigen kann.

KI, allgemeine. KI, deren Fähigkeit, komplexe Aufgaben zu bewältigen, in allen Bereichen der von Menschen zumindest gleichkommt.

KI, enge. KI, die nur in einem eng begrenzten Bereich komplexe Aufgaben bewältigen kann – z. B. ein Schachprogramm.

Künstliches neuronales Netzwerk (KNN). Ein künstliches Netzwerk aus Knotenpunkten – genannt ›(künstliche) Neuronen‹ und Verbindungen zwischen diesen Neuronen. Wenn ein Neuron aktiviert wird, kann sich diese Aktivität über die Verbindungen auf andere Neuronen übertragen, abhängig von der Stärke der Verbindungen zwischen ihnen. KNNs werden üblicherweise trainiert. Sie lernen, bestimmte Aufgaben zu bewältigen, indem sich ihre Verbindungsstärken während des Trainings verändern.

KNN, tiefes. Ein KNN mit mehreren Schichten von Neuronen, von denen einige weder direkt Input von außerhalb des Netzwerks erhalten noch direkt Output nach außen geben.

KNN, vorwärtsgekoppeltes. Ein KNN, in dem die Aktivität von Neuronen nur von hinten nach vorne, d. h. von Input zu Output weitergegeben wird.

Orthogonalitätsthese. Intelligenz und Motivation bzw. Werte sind annähernd voneinander unabhängig. Das heißt, beinahe jeder Grad an Intelligenz ist mit beinahe jedem Wertesystem verträglich.

Phänomenales Bewusstsein. Wie es sich anfühlt bzw. wie es ist, bestimmte Empfindungen zu haben; subjektives Erleben.

Psychologische Kontinuität. Diese liegt genau dann vor, wenn die zeitlich unmittelbar aufeinanderfolgenden geistigen Zustände einer Person einander hinreichend ähnlich sind und kausal voneinander abhängen. Der psychologischen Theorie personaler Identität zufolge hängt unser Fortbestehen von psychologischer Kontinuität ab.

Superintelligenz. Ein System, dessen Intelligenz der von Menschen deutlich überlegen ist.

Vielfache Realisierbarkeit. Bestimmte geistige Zustände, z. B. Freude und Schmerzen, können in verschiedenen Wesen eine andere physiologische Basis haben.

Werte, intrinsische. Die Dinge, die wir unbedingt und um ihrer selbst willen schätzen.

Werte, instrumentelle. Dinge, die wir deshalb schätzen, weil sie uns bei der Erfüllung unserer intrinsischen Werte dienlich sind.

Literatur

Bostrom, Nick: *Superintelligenz. Szenarien einer kommenden Revolution.* Berlin: Suhrkamp 2016.

Brynjolfsson, Erik/McAfee, Andrew: *The Second Machine Age. Wie die nächste digitale Revolution unser aller Leben verändern wird.* Kulmbach: Plassen 2014.

Campbell, Murray/Hoane, Jr., Joseph/Hsu, Feng-hsiung: Deep Blue. In: *Artificial Intelligence* (2002) 134, 57–83.

Chalmers, David: Absent qualia, fading qualia, dancing qualia. In: Thomas Metzinger (Hg.): *Conscious Experience.* Imprint Academic: Thorverton 1995, 309–328.

Dastin, Jeffrey: Amazon scraps secret AI recruiting tool that showed bias against women (2018). *Reuters,* 9. 10. 2018. URL: https://www.reuters.com/article/us-amazon-com-jobs-automation-insight/amazon-scraps-secret-ai-recruiting-tool-that-showed-bias-against-women-idUSKCN1MK08G.

Dou, Eva/Geng, Olivia: AI masters the game of Go (2017). In: *The Wall Street Journal,* 6. 1. 2017.

Frey, Carl Benedikt/Osborne, Michael A.: The future of employment: How susceptible are jobs to computerization? Oxford Martin School, 1. 9. 2013. URL: https://www.oxfordmartin.ox.ac.uk/publications/the-future-of-employment/.

Goodfellow, J. et al.: Explaining and harnessing adversarial examples (2015). arXiv: 1412.6572.

Grace, Katja et al.: When will AI exceed human performance? Evidence from AI experts. In: *Journal of Artificial Intelligence Research* (2018) 62, 729–754.

Human Rights Watch: China: Minority region collects DNA from millions (2017). URL: https://www.hrw.org/news/2017/12/13/china-minority-region-collects-dna-millions. 13. 12. 2017.

KI-Expertengruppe: Ethik-Leitlinien für eine vertrauenswürdige KI. Hochrangige Expertengruppe für Künstliche Intelligenz, eingesetzt von der Europäischen Kommission im Juni 2018 (2019). URL: https://ec.europa.eu/newsroom/dae/document.cfm?doc_id=60425.

Kurzweil, Ray: *Menschheit 2.0: Die Singularität naht.* Berlin: Lola Books 2014.

Misselhorn, Catrin: *Grundfragen der Maschinenethik.* Ditzingen: Reclam 2018.

Nebehay, Stephanie: U.N. says it has credible reports that China holds million Uighurs in secret camps (2018). *Reuters,* 10.8.2018. URL: https://www.reuters.com/article/us-china-rights-un/u-n-says-it-has-credible-reports-that-china-holds-million-uighurs-in-secret-camps-idUSKBN1KV1SU.

O'Neil, Cathy: *Angriff der Algorithmen: Wie sie Wahlen manipulieren, Berufschancen zerstören und unsere Gesundheit gefährden.* München: Hanser 2017.

Rajpurkar et al.: CheXNet: Radiologist-Level Pneumonia Detection on Chest X-Rays with Deep Learning (2017). *arXiv:* 1711.05225.

Silver, David et al.: Mastering the game of Go without human knowledge (2017). In: *Nature.* DOI: 10.1038/nature24270.

Silver, David et al.: A general reinforcement learning algorithm that masters chess, shogi, and Go through self-play. In: *Science* 362 (6419) (2018), 1140–1144.

Simmons, Keir: Inside Chinese camps thought to be detaining a million Muslim Uighurs (2019). *NBC News,* 4.10.2019. URL: https://www.nbcnews.com/news/world/inside-chinese-camps-thought-detain-million-muslim-uighurs-n1062321.

Slaughterbots (2017). *YouTube.* 14.12.2017. URL: https://www.youtube.com/watch?v=9CO6M2HsoIA.

Tegmark, Max: *Leben 3.0. Mensch sein im Zeitalter Künstlicher Intelligenz.* Berlin: Ullstein 2017.

The complicated truth about China's social credit system (7.6.2019). *Wired.*

Vinyals, Oriol et al.: StarCraft II. A new challenge for reinforcement learning (2017). *arXiv:* 1708.04782.

Vinyals, Oriol et al.: Grandmaster level in StarCraft II using multi-agent reinforcement learning (2019). In: *Nature.* DOI: 10.1038/s41586-019-1724-z.

Walsh, Toby: Expert and non-expert opinion about technological unemployment (2017). *arXiv:* 1706.06906.

Wilson, William J.: *When Work Disappears. The World of the New Urban Poor.* New York: Knopf 1997.
World Inequality Lab: *Bericht zur weltweiten Ungleichheit* (2018).
Yudkowsky, Eliezer: Staring at the singularity (1996). URL: http://yudkowsky.net/obsolete/singularity.html.

9783476051363